PICCOLA BIBLIOTECA ADELPHI

717

DI SIMONE WEIL:

Attesa di Dio
La persona e il sacro
La rivelazione greca
Lettera a un religioso
Lezioni di filosofia
Quaderni, I
Quaderni, II
Quaderni, III
Quaderni, IV
Riflessioni sulle cause della libertà e dell'oppressione sociale
Sulla Germania totalitaria
Venezia salva

SIMONE WEIL
ANDRÉ WEIL

L'arte della matematica

A cura di Robert Chenavier e André A. Devaux

Edizione italiana a cura di Maria Concetta Sala

ADELPHI EDIZIONI

TITOLO ORIGINALE:

Correspondance familiale

WWW.ADELPHI.IT

ISBN 978-88-459-3256-4

Anno				Edizione						
2027	2026	2025	2024	4	5	6	7	8	9	10

INDICE

L'ARTE DELLA MATEMATICA

LETTERA 1

Sabato[1]

Caro André,

vedo che per il momento il morale è buono. Spero che continui così. La tua lettera ci ha parecchio sollevati.[2] Ci chiedi notizie dettagliate; non è molto facile. Su di me non so bene che cosa raccontarti; attualmente la mia vita è senza avvenimenti importanti. Ho scritto un articolo per i « Nouveaux Cahiers » sulla politica dell'antica Roma messa a confronto con i fatti della nostra epoca; ho riscontrato singolari analogie, ma credo di avertene già parlato lo scorso inverno.[3] Dell'articolo, però, è potuta apparire solo la prima parte: davvero un peccato.[4] Nel corso delle letture preparatorie che avevo fatto ho scoperto qualcuno degno di ammirazione; si tratta di quel Teodorico che ha il sepolcro a Ravenna.[5] Procopio, il quale era del campo avverso rispetto a lui, dice che durante tutto il suo regno commise una sola ingiustizia, e che ne morì di rimorso.[6] Le sue lettere (di Teodorico) sono deliziose. A parte questo, c'è un mio articolo sull'*Iliade* che giace in attesa di pubblicazione alla « NRF ».[7] Non so quel che ne sarà. Contiene vari passi <del poema> tradotti dove sono riuscita, in alcuni versi, a conservare l'esatto ordine delle parole; ad ogni modo sono riuscita a tradurre sempre verso per verso, voglio dire a far corrispondere a ciascun verso un rigo (di lunghezza non regolare) nel testo francese.[8] Se conosci a memoria qualche passo dell'*Iliade*, potresti provare a tradurlo; con un metodo simile occorre spesso una mezz'ora o più per venire a capo di un solo verso. È una cosa eccellente anche per forgiare lo stile. Anche tradurre Keats in francese (in versi francesi, per esempio) deve essere un esercizio divertente.[9] Non ho mai provato.

Visto che di tempo ne hai anche troppo, un'altra buona occupazione potrebbe essere metterti a riflettere sul modo di far intravedere a profani come me in che cosa consistano esattamente l'interesse e la portata dei tuoi lavori. Perché anche ammettendo che, come asserisci tu, sia del tutto impossibile, il fatto di provarci non sarebbe certo infruttuoso, per te. Credo anzi che ne trarresti un profitto considerevole. E se anche tu non riuscissi a formulare qualcosa che io sia in grado di capire, penso che arriverei a intravederne abbastanza perché possa risultare per me di estremo interesse.[10] Non sono tanto le matematiche, infatti, a interessarmi, quanto i matematici, così come in ogni altro ambito.

Ma torniamo a me: ultimamente, per impiegare i momenti in cui ho una scarsa capacità di lavorare (e sono numerosi), mi sono messa a fare un po' di babilonese. Ho una raccolta di testi assiro-babilonesi trascritti in caratteri latini e con versione francese a fronte, riga per riga;[11] mi diverto a darne una traduzione interlineare senza grammatica né dizionario. Così ho fatto la conoscenza di un certo Gilgameš, eroe di un'epopea tradotta dal sumero.[12] L'a-

micizia ne è il motore; Gilgameš perde il suo amico, e subito comincia ad avere paura della morte e a vagare per i deserti alla ricerca della vita eterna; ma non la trova. In seguito evoca l'ombra dell'amico, che gli dà informazioni poco confortanti sull'esistenza nell'oltretomba.[13] Ne ho letto qualche rigo[14] a Evelyne,[15] che si è già appropriata di un paio di parole in babilonese. Come lingua e come poesia è ben lungi dal valere il greco omerico. L'antico egizio sarebbe più interessante, ma è troppo difficile.
A presto, spero. Mi auguro che ti si possano portare dei libri. Desideri i *Mémoires* di Retz[16] e il *Journal* di Pepys?[17] Spero vivamente che potremo vederci domani o dopodomani, dato che è impossibile che ci scambiamo di posto, come sarebbe mio vivissimo desiderio.

Simone

LETTERA 2[18]

Caro André,
bisogna aspettare ancora un poco, pare, prima che si possa avere l'autorizzazione a vederti quanto vorremmo. Nell'attesa non rimane che scrivere. Ma spero che con carta e libri a tua disposizione, ora, tu riesca a non annoiarti, e che tu faccia un po' di ginnastica per mantenerti in forma.
Chi sa che tu non scopra cose appassionanti... Ma ci sarebbe un altro svago, ora che hai del tempo libero. Non ricordo più se te ne ho parlato nella lettera che ti ho mandato a Le Havre, e che dovre-

sti aver ricevuto; ma fa lo stesso. Sarebbe questo: cercare un modo per far percepire alla gente comune (a me, per esempio) in che cosa consiste l'interesse delle tue attuali ricerche.[19] Sono certa che per te sarebbe un ottimo esercizio. Che cosa rischi? Non certo di perdere tempo, visto che ne hai da vendere. Bella roba che tu prenda in giro quelli che filosofeggiano sulle matematiche senza conoscerle, come uno dei miei amici dei tempi di rue d'Ulm; ma forse spetterebbe proprio ai matematici tentare di fare quel lavoro. Non alla maniera del tuo amico Claude,[20] certo. Non alla maniera dell'eroe del *Chef-d'oeuvre inconnu* di Balzac quando medita sulla pittura.[21] Ma forse c'è modo di rendersi conto di ciò che si fa e dell'interesse di ciò che si fa. E se ci si rende conto, si deve poterlo fare almeno intravedere ai non-specialisti. Cosa ti costerebbe tentare? Ne sarei entusiasta.
Non eri più a Parigi, credo, quando sono riuscita a procurarmi il libro sulla matematica babilonese ed egizia.[22] Non so se ti avevo detto che avrei potuto averlo. Ho voglia di scrivere all'autore riguardo a una questione da lui lasciata irrisolta, quella relativa ai modi attraverso i quali gli Egizi, con una geometria a suo giudizio estremamente grossolana ed empirica, sono riusciti a trovare un'approssimazione straordinariamente precisa del π, vale a dire area del cerchio = $(8/9\ d)^2$. A me pare abbastanza facile da immaginare, supponendo metodi molto grossolani. Se si divide il quadrato circoscritto in ottantuno quadratini, si può osservare che, per avere l'area del cerchio, bisogna sottrarre tre di questi quadratini più il valore pressappoco di tre mezzi quadratini per ogni angolo.

C'è un problema babilonese davvero gustoso.[23] Si danno le dimensioni di un canale da scavare, la produttività quotidiana di un operaio in volume di terra spostata e la *somma delle giornate di lavoro e degli operai.* Bisogna calcolare il numero delle giornate di lavoro e il numero degli operai. Mi domando: che ne direbbero i genitori degli allievi se oggi a un esame si proponesse un problema formulato in modo analogo? Sarebbe divertente farne l'esperienza. Strani tipi, questi Babilonesi. A me non piace granché il loro spirito d'astrazione. I Sumeri dovevano essere molto più simpatici. In primo luogo, sono stati loro a inventare tutti i miti mesopotamici, e i miti sono ben altrimenti interessanti rispetto all'algebra. Ma tu devi discendere in linea diretta dai Babilonesi. Quanto a me, penso proprio che Dio, secondo la formula pitagorica, è un perpetuo geometra[24] – ma non un algebrista. Comunque sia, leggendo l'ultima lettera che ho ricevuto da te, mi sono rallegrata nel vedere che ti rifiutavi di appartenere alla scuola astratta.
Ricordo che a Chançay o a Dieulefit[25] dicevi che gli studi sull'Egitto e su Babilonia gettano qualche dubbio sul ruolo di creatori fin qui attribuito ai Greci in materia di matematica. Ma io credo che, fin qui (salvo ulteriori scoperte), se ne trovi piuttosto una conferma. I Babilonesi sembrano essersi dedicati a esercizi astratti concernenti i numeri, gli Egizi sembrano aver seguito un procedimento puramente empirico. L'applicazione di un metodo razionale a problemi concreti e allo studio della natura sembra invece essere stata una prerogativa dei Greci. (È pur vero che, per poter giudicare, bisognerebbe conoscere l'astronomia

babilonese). Il fatto strano è che i Greci dovevano conoscere l'algebra babilonese, eppure presso di loro non se ne trova traccia prima di Diofanto (che è, se non sbaglio, del IV secolo d.C.),[26] dato che la geometria algebrica dei pitagorici è tutt'altra cosa. Ci devono essere, sotto, delle concezioni religiose; apparentemente la religione segreta dei pitagorici doveva conformarsi alla geometria, e non all'algebra.[27] Se l'Impero romano non avesse distrutto tutti i culti esoterici, si comprenderebbe forse qualcosa di questi enigmi.
Mi pare di averti detto che ho pubblicato nei « Nouveaux Cahiers » la metà di uno studio sulla Roma antica messa a confronto con certi fenomeni contemporanei.[28] La seconda parte è stata vivamente apprezzata da quelli che hanno avuto occasione di leggerla, ma il loro numero è stato davvero limitato.[29] La prima parte mi è valsa una lettera che ci ha fatto ridere molto e che ti trascrivo:

« Signora,

« costretto all'immobilità e non sapendo a "chi" rivolgermi, ricorro a lei perché mi ragguagli: lei *chi* è? Un articolo del primo gennaio nei "Nouveaux Cahiers" è all'origine di questa domanda.
« La prego di accogliere, ecc. ».

La firma mi è ignota.[30] Tua madre crede che sia qualcuno che brucia dal desiderio di vendicare i Romani, e che « costretto all'immobilità » significa: se non fossi costretto all'immobilità, se la vedrebbe con me!... In ogni modo, non ho risposto. Avrei avuto voglia di rispondere: « E lei, signore? » – oppure: « *sum qui sum* » – o di inviare una mia

fotografia – o una copia della mia carta d'identità. Ma mi è parso preferibile risparmiare venti soldi. Non saprà mai *chi* sono io. La domanda è formulata in modo davvero mirabile.
Ti racconto solo cose futili; ma non tutti i giorni dalla mia penna sgorga una «prosa bronzea».
Ti ringrazio per aver detto che il futuro ha bisogno di me; ma, così come me lo immagino, non ha bisogno di me più di quanto io abbia bisogno di lui. Se solo avessi la macchina per viaggiare nel tempo, non è verso il futuro che la dirigerei, ma verso il passato. Né mi fermerei ai Greci; risalirei almeno fino all'epoca egeo-cretese. Ma il solo pensiero mi fa lo stesso effetto che fa un miraggio a un uomo perdutosi nel deserto. Mi mette sete. Meglio allora non pensarci, visto che siamo rinchiusi in questo pianeta minuscolo, che tornerà grande, fecondo e vario, come lo fu una volta, solo molto tempo dopo di noi – se mai tornerà ad esserlo.
Nell'attesa, rallegrati per Eschilo e i testi sanscriti che, spero, avrai presto.

Simone

LETTERA 3

Rouen, 29 febbraio 1940

Mia cara sorella,
ho ricevuto le tue lettere, quella che era arrivata a Le Havre e quella che mi hai mandato qui.[31]

Mi dispiace che per il momento non possiate vedermi. Ma penso che non ci vorrà ancora molto. Adesso sono tutto preso dalla correzione delle mie bozze:[32] questo compito minuzioso e meccanico, che interrompo solo per leggere Balzac,[33] mi va abbastanza bene in questi giorni, dopo tanto tempo trascorso senza fare nulla. Penso che tra poco avrò finito, anche se il fatto di non avere illuminazione la sera e di dover quindi andare a dormire insieme al sole ritarda il mio lavoro. Per lo stesso fascicolo scrivo anche un'epistola dedicatoria vecchia maniera a papà Cartan, che mi consente di esprimere, sotto un linguaggio alquanto pomposo e solenne, quello che voglio dire su di lui.[34] Ti farò avere il testo per eventuali ritocchi, e così pure a H. Cartan.[35]
Quanto a parlare delle mie ricerche o di qualsiasi altra ricerca matematica ai non-specialisti, tanto varrebbe spiegare una sinfonia a dei sordi, mi sembra.[36] Lo si può fare, certo: ci si serve di immagini, si parla di temi che si rincorrono, s'intrecciano, si coniugano o si separano, di tristi armonie o di trionfanti dissonanze: ma una volta finito, che cosa si è prodotto? Frasi, o tutt'al più un componimento bello o brutto, che non ha nulla a che fare con ciò che si voleva descrivere. Da questo punto di vista la matematica non è altro che un'arte; una sorta di scultura in una materia estremamente dura e resistente (come certi porfidi che a volte usano, credo, gli scultori).[37] Nella prima quartina di un mirabile sonetto Michelangelo ha espresso l'idea (più o meno platonica, immagino) che il blocco di marmo all'uscita dalla cava contenga già l'opera scolpita, e che il lavoro dell'artista con-

sista nel togliere quel che vi è di troppo;[38] negli ultimi anni di vita, del resto, ha sempre più approfittato delle asperità del blocco di marmo creando l'opera con la parte esterna e mantenendo la superficie il più possibile grezza (Colossi del Giardino di Boboli, oggi al museo Michelangelo di Firenze, credo, e soprattutto la sua ultima opera, che gli ignoranti reputano incompiuta: la *Pietà* – o piuttosto la discesa dalla croce – del Palazzo Rondanini a Roma).[39]
Il matematico è a tal punto sottomesso al filo, al controfilo, a ogni curvatura e anche alle asperità della materia con cui lavora che questo conferisce alla sua opera una specie di oggettività. Ma l'opera che si fa (e alla quale per l'appunto ti interessi) è opera d'arte, e in quanto tale inspiegabile (in essa sola risiede la sua spiegazione). Ma se la critica d'arte è un genere vano e vacuo, la storia dell'arte forse è possibile, e, che io sappia, nessuno ha mai esaminato la storia della matematica da questo punto di vista (eccetto Dehn, un tempo a Francoforte, ora a Trondheim, in Norvegia, il quale però non ha mai scritto niente sull'argomento).[40] E lanciarsi in questo esame senza uno studio approfondito dei testi è del tutto inutile; inoltre, data la mancanza di qualsiasi studio preparatorio, bisogna scegliere un periodo che vi si presti. A proposito, conosci Desargues?[41] Dehn me ne ha parlato a lungo a Oslo, lo scorso maggio. Una volta ho anche detto a Cavaillès[42] che sarebbe il caso di studiare gli inizi delle funzioni ellittiche (Gauss, Abel, Jacobi e così pure Eulero e Lagrange, e tutti gli altri minori),[43] ma per farlo sono necessarie conoscenze che tu non hai.[44]

Quanto all'algebra babilonese, è confluita in gran parte nella matematica greca, ma tradotta in termini geometrici (del tutto consapevolmente, senza dubbio). Lo si rileva particolarmente, sembra, in Apollonio, nel quale i problemi di secondo grado dei Babilonesi sono divenuti ellissi, iperboli, parabole.[45] Ciò che rende oltremodo originale la matematica greca è forse il fatto che non esiste l'approssimazione: questo ha ucciso il numero a vantaggio del λόγος (è qui tutto il dramma della scoperta degli irrazionali) e ha mandato in rovina il pitagorismo per approdare a Platone e a Euclide.[46] Naturalmente il λόγος non è altro che il nostro «numero reale». Fino ai Greci non potevano esserci incommensurabili.[47] Avendo scoperto che il numero (ciò che chiamavano numero: vale a dire il numero intero) non era sufficiente a esprimere i rapporti fra grandezze, occorreva evidentemente ricominciare tutto da capo, dato che non si era più sicuri di niente. In algebra il metodo assiomatico è completamente inutile, giacché le proprietà elementari dell'addizione e della moltiplicazione sono troppo banali perché si senta il bisogno di esprimerle, ma in geometria non è più così. Tutto questo si comprende abbastanza bene, a grandi linee.
Spero di aver presto la *Bhagavadgītā*[48] e gli altri libri. Se il pacchetto non è ancora partito, aggiungete delle buste per stampati, di un formato adatto al reinvio delle mie bozze all'editore; e poi qualche busta normale dello stesso formato. Se il pacchetto è partito, le aggiungerete in una prossima spedizione o in una lettera o me le porterete.

Augurandoti (dato che è un tuo desiderio) di raggiungere al più presto i tuoi egeo-cretesi, rimango il tuo affezionato[49] fratello,

André

P.S. 1. Nella mia biblioteca c'era la traduzione inglese di *Gilgameš*, un piccolo opuscolo blu che si vende al British Museum.

P.S. 2. Avete visto Jules Bloch[50] e papà Cartan di recente? Vorrei saperlo soprattutto riguardo a Cartan, per ringraziarlo (se sarà il caso) nella mia dedica.

P.S. 3. Quando ero in Svezia, il mio collega norvegese Viggo Brun[51] (che è stato squisito, e si è dato molta pena per me) mi ha raccontato (forse per consolarmi??) questa storia: il grande matematico norvegese Sophus Lie,[52] quando era giovanissimo e in viaggio di studi, fu arrestato; lo interrogarono sui suoi manoscritti dicendogli: « *Se* si tratta di lavori matematici, come lei asserisce, dovranno pur avere un senso, e *di conseguenza* lei dev'essere in grado di spiegarceli »; cosa che lui s'impegnò a fare, senza grande successo... I matematici di Parigi alla fine furono messi al corrente e lo fecero liberare, non senza fatica, pare.

P.S. 4. Ho appena visto Éveline (1. III. <19> 40).

LETTERA 4
(minuta Lettera 6)[53]

Mio caro fratello –

vedo con piacere che il morale continua a essere buono; spero che, ultimata la correzione delle bozze, tu possa dedicarti a lavori personali, e che lo spirito soffi. Sarebbe ottimo se tu uscissi dal luogo in cui ti trovi con qualche nuovo risultato matematico.

I rapporti fra la Grecia e Babilonia riguardo alla matematica racchiudono senza dubbio qualche mistero. Data l'intensità straordinaria degli scambi intellettuali nel mondo mediterraneo a quell'epoca, niente di più probabile che i Greci abbiano conosciuto l'algebra babilonese molto tempo prima di Apollonio.[54] La tradizione attribuisce a Pitagora un soggiorno a Babilonia.[55] (D'altronde non c'è bisogno di coniche per rappresentare equazioni di secondo grado. Qualsiasi equazione di secondo grado può essere risolta se sono note le proprietà del triangolo inscritto nel semicerchio e della sua altezza, poiché così è possibile trovare due quantità di cui si conoscono o il prodotto e la somma o il prodotto e la differenza). In Apollonio sono probabilmente le equazioni biquadratiche dei Babilonesi a essere tradotte in coniche.[56] È singolare che le principali tappe della geometria greca appaiano legate a problemi in definitiva algebrici. La tradizione che concerne la scoperta della similitudine dei triangoli ad opera di Talete (« Nell'ora in cui l'ombra dell'uomo è uguale all'uomo, l'ombra della piramide è uguale alla piramide »)[57] evoca una proporzione con un termine incognito. Sono convinta (benché non possano, ovviamente, esserci prove) che la scoperta delle proprietà del triangolo rettangolo ad opera di Pitagora abbia origine dalla ricerca di una media proporzionale fra due quantità note. Due triangoli simili aventi due lati non omologhi uguali rappresentano una proporzione fra tre quantità.

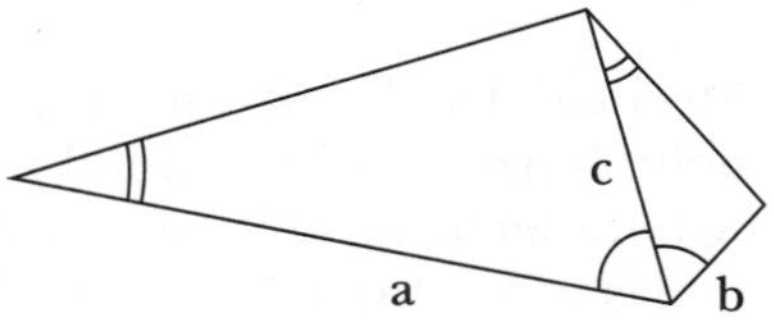

$$\frac{a}{c} = \frac{c}{b}$$

Se fissiamo i due termini estremi sulla medesima retta, la figura dà, in luogo di un quadrilatero, un triangolo rettangolo, triangolo la cui proprietà essenziale consiste nel fatto che è la somma (se è lecito esprimersi così) di due triangoli simili fra loro e a esso stesso.
È evidente che i triangoli formati mettendo *b* nel prolungamento di *a* sono triangoli rettangoli, dato che l'angolo fra *a* e *b* diventa così un angolo piatto, la cui metà è un angolo retto. Naturalmente sto immaginando un procedimento di scoperta, non di dimostrazione.[58]
L'invenzione delle coniche si ricollega alla ricerca (su ordine di Apollo) della duplicazione del cubo,[59] che si riduce a quella di due medie proporzionali.[60] Archita (pitagorico) aveva trovato una soluzione tramite il toro.[61] Menecmo, allievo di Platone, ne ha trovata una tramite le coniche, e d'altra parte è lui che le ha inventate.[62] Non credo

possa trattarsi di una coincidenza; penso che Menecmo abbia inventato le coniche per risolvere le equazioni che si riferiscono alla ricerca di due medie proporzionali. Infatti il cono è costituito da un cerchio il cui diametro varia indefinitamente, e la parabola (una delle sue soluzioni sulla duplicazione del cubo si fonda sull'intersezione di due parabole) fornisce la serie delle medie proporzionali fra una quantità fissa e una quantità variabile.[63]
Mi sembra quindi che l'idea di costruire linee per rappresentare delle funzioni, che generalmente si fa risalire a due o tre secoli or sono, sia presente in tutta la geometria greca fin dall'origine. Non risulta che la scoperta degli incommensurabili abbia operato una rottura nella continuità dello sviluppo.
Quella scoperta, del resto, non ha certamente «mandato in rovina il pitagorismo», come asserisci tu.[64] Perché altrimenti i pitagorici non avrebbero certo avuto come simbolo il pentagono stellato (divisione di una linea in estrema e media ragione).[65] Se si suppone che dopo aver scoperto gli incommensurabili abbiano mantenuto il segreto sulla scoperta perché avrebbe distrutto la loro dottrina, è puerile immaginare che in tal caso si sarebbero serviti proprio dell'immagine di quella scoperta come segno di riconoscimento. Erano perfettamente in grado di concepire il numero reale, pur continuando a dare al termine numero il significato di numero intero per gli iniziati di primo grado. Non dubito nemmeno per un istante che non lo abbiano fatto; per altro Eudosso,[66] al quale si attribuiscono la definizione di

numero reale e i teoremi che vi si riferiscono nel quinto libro di Euclide, era un allievo di Archita. Aristotele afferma che la dottrina di Platone è puramente e semplicemente quella dei pitagorici, cui avrebbe cambiato solo una parola, dicendo « idee » al posto di « numeri ».[67] Quello che ha causato la rovina del pitagorismo non sono gli incommensurabili, ma semplicemente il massacro dei pitagorici verso la metà del V secolo.
È senz'altro vero che la scoperta degli incommensurabili ha provocato un dramma, e forse il discredito in cui è caduta per questo la nozione di verità risiede in gran parte nelle diverse dottrine pragmatiche sorte in quell'epoca; dottrine che, insieme alla diffusione delle conoscenze in forma volgare fra i « non iniziati »[68] ad opera dei sofisti, hanno considerevolmente contribuito a suscitare la demagogia, e di conseguenza l'imperialismo, che ha distrutto la civiltà ellenica. Ma può darsi benissimo che il dramma sia stato davvero tale solo per i « non iniziati ». Certo i pitagorici non hanno dubitato della ragione per il fatto di aver trovato rapporti che non si possono esprimere in numeri interi.
In ogni caso è degno di nota che lo studio dei rapporti di grandezza fra le linee e non fra i numeri abbia preceduto la scoperta degli incommensurabili, che altrimenti non sarebbe mai avvenuta. (A questo proposito è forse singolare che i problemi ai quali si deve l'avanzamento della geometria greca siano quelli che la nostra algebra elementare non considera problemi. Quando un liceale impegnato a risolvere un'equazione ottiene $\sqrt{ab}$, $\sqrt[3]{abc}$, crede di essere in presenza non di un problema,

ma di una soluzione; invece la preoccupazione essenziale dei Greci fu di dare un senso a simili espressioni). Nelle tavolette babilonesi studiate da N<eugebauer>[69] le equazioni di secondo, terzo, quarto grado sono costruite a partire dalla loro soluzione (cosa evidente perché ci sono diverse serie tutte con la medesima soluzione). Ciò dimostra che i Babilonesi s'interessavano solo al metodo, e non alla risoluzione di problemi realmente posti. Allo stesso modo è evidente che la somma degli operai e delle giornate di lavoro non è mai *data*. I Babilonesi si divertivano a cercare il noto, presupponendolo incognito, a partire dall'incognito, presupponendolo noto. È un gioco che conferisce alla loro concezione della ricerca «disinteressata» il massimo onore. (Avevano medaglie e borse?). Ma non è altro che un gioco.
Se presso i Greci fino a Diofanto non c'è traccia di algebra (se non tradotta in geometria), è di sicuro perché l'algebra pura era a loro giudizio vietata. Altrimenti per quale ragione non avrebbero scritto in greco trattati di algebra accanto ai trattati di geometria? Per avere solo problemi che ammettano una soluzione in numeri interi, sarebbe stato loro sufficiente costruire i problemi a partire dalle soluzioni, come avevano fatto i Babilonesi. Credo che la spiegazione non possa risiedere in altro se non in un divieto di natura filosoficoreligiosa. Giochi di quel tipo dovevano sembrar loro empi. Le matematiche, infatti, costituivano a loro giudizio non un esercizio della mente, ma una chiave della natura; chiave ricercata non in vista della potenza tecnica sulla natura, ma al fine di stabilire un'identità di struttura fra la mente u-

mana e l'universo.[70] È quel che esprime la formula ὁ θεὸς ἀεὶ γεωμετρεῖ.[71] Agli occhi dei pitagorici (e di Platone) le matematiche erano una condizione per la somma virtù (e in quanto tali andavano tenute segrete). È evidente che l'algebra pura non è utile a questo scopo.[72] Ciò che è utile, a questo scopo, è lo studio – rigorosamente matematico, ossia metodico e senza approssimazione – dei problemi realmente posti dal mondo e dall'azione sul mondo. La geometria è scienza applicata, benché si tratti di applicazione teorica, se è lecito esprimersi così. E gli inizi della fisica, in Archimede, sono della medesima specie: applicazione di un metodo matematico a problemi reali per mezzo di un'assiomatica.[73]

Temo che oggi siamo ricaduti nella concezione babilonese della matematica. È vero che ci si occupa molto di assiomatica; ma gli assiomi non si scelgono, in una certa misura, a piacimento?[74] Tu parli di arte e di materia dura; ma io non riesco a concepire in che cosa consista questa materia. Le arti propriamente dette hanno una materia che esiste nel senso fisico della parola. La stessa poesia ha per materia il linguaggio visto come un insieme di suoni. La materia dell'arte matematica è una metafora; e a che cosa corrisponde questa metafora? La materia della geometria greca era lo spazio, ma lo spazio a tre dimensioni, realmente dato, condizione imposta di fatto a tutte le azioni degli uomini. Non è più così. La materia del tuo lavoro non è forse l'insieme dei lavori matematici precedenti, con il linguaggio e il sistema di segni che ne risulta?[75]

Se la scienza e l'arte mirano a rendere intelligibile e sensibile l'unità fra l'universo e la mente umana, a far apparire il mondo come «la città di tutti gli esseri dotati di ragione»[76] – e in tal modo io le concepisco –, la matematica attuale, considerata sia come scienza che come arte, mi sembra molto lontana dal mondo.

Uno sforzo di riflessione e di critica non potrebbe riavvicinarvela? È questo che mi domando.[77] Preoccupazione che evidentemente è assai distante da quelle di Bourbaki.[78] È uno degli scopi ai quali mi sarebbe piaciuto consacrare l'intera mia vita; ve ne sono, ahimè, tanti. E non solo non ho che una vita, ma, come sai, non ho neppure una vita da consacrare a checchessia; ho soltanto momenti discontinui, brevi e molto distanziati. Non vedo altro rimedio che la metempsicosi. Speriamo che le mie future reincarnazioni bastino a soddisfare i miei vari appetiti.

Chiaramente può darsi che la preoccupazione in questione non abbia senso. Eppure mi sembra che nozioni come quella di gruppo potrebbero dare qualche speranza in direzione di ciò che desidero. E anche quella d'insieme.[79]

Queste, fra l'altro, non sono forse le uniche nozioni matematiche di primaria importanza veramente nuove scoperte dopo l'Antichità? (Dato che la geometria analitica, il calcolo differenziale e integrale non sono vere novità rispetto alla geometria greca). Oppure, secondo te, ve ne sono altre?

Se davvero dei non-matematici possono occuparsi utilmente della storia della matematica considerata come una branca della storia dell'arte, il tuo rifiuto di dare chiarimenti sulla tua attività non mi pare giustificato. Poiché uno storico dell'arte non può fare un buon lavoro, a mio giudizio, se non ha almeno intravisto qualcosa dell'arte vivente grazie ai contatti con artisti contemporanei, che gli danno un'idea delle loro difficoltà e del modo in cui le superano. *Ti prego di riflettere bene su questo punto.*[80]

LETTERA 5[81]

Mio caro fratello,

ti rimando la tua dedica un poco modificata.[82] Scorgerai tu stesso, penso, la ragione delle modifiche. In gran parte sono motivate da preoccupazioni di logica e di stile, e soprattutto dalla preoccupazione di salvaguardare l'unità del tono. Sono dell'avviso di eliminare completamente la metafora della semina, del grano, ecc., in quanto non ha nulla a che vedere con lo stile Luigi XIII che è quello dell'insieme, e il contrasto stride. (Per altro la parola «aratura», in quella metafora, è la meno adeguata, per motivi evidenti). Ho apportato qualche correzione ai vocaboli della metafora del tempio, in primo luogo per lo stesso motivo (al fine di evitare una rottura nell'unità del tono) e poi per attenuarla e renderla un po' più vaga; risulterebbe forse sgradevole a É<lie> Cartan,[83] e inopportuno sotto ogni aspetto, che fosse redatta in modo da suggerire un'opposizione fra lui da una parte e tutti gli altri dall'altra. Nell'ultimo rigo ho sostituito una parola, perché il tuo avvocato sconsiglia *assolutamente* che si lasci quella messa

da te.[84] Nell'insieme, mi è parso opportuno intervenire su alcune sfumature di dettaglio che potrebbero indurre certi malintenzionati a dubitare che tu dica seriamente quello che pensi.
Non ti resta che fare di questi suggerimenti l'uso che vorrai, e spedire a Henri Cartan il testo definitivo che avrai stabilito.
Credo sia meglio rinunciare a quel «à Monsieur Monsieur...». Un lettore su cento, forse, saprà che era d'uso nel XVII secolo, e perfino quel lettore non lo prenderà sul serio.
Le bozze sono state consegnate all'editore. Naturalmente chiede di avere la dedica al più presto.
Vedo con piacere che la lettura del mio amico Retz ti fa apprezzare lo stile di quell'epoca. È infinitamente superiore, a mio parere, a quello della seconda metà del XVII secolo.
Fraternamente,

Simone

LETTERA 6[85]

Mio caro fratello,

« qualche inquietudine »,[86] checché tu ne dica, va benissimo. Ma sarebbe lungo e fastidioso discutere per iscritto di dettagli di stile. Penso che il tuo testo abbia ora raggiunto lo stato di perfezione se, come dice Valéry, la perfezione si definisce con l'esaurirsi del desiderio di modificare.[87]
Come, hai preso il mio coadiutore per un napoletano![88] Che bestemmia! È mai venuto fuori da

quelle parti, in quanto a geni politici, qualcosa che non sia un vile intrigante? Non trasuda forse, lui, Firenze da ogni poro? E non ricordi Palazzo Gondi, a Firenze, in piazza della Signoria, un po' in fondo a sinistra guardando il Palazzo della Signoria? È quasi disadorno, ma bellissimo. L'abate napoletano di cui parli tu è, suppongo, l'abate Galiani;[89] di lui ho letto solo alcuni estratti di lettere; ma sono più che sicura che somigliava ben poco a Retz. Nella cerchia di Madame d'Épinay[90] non c'erano che persone frivole, scettiche e di animo abbastanza vile. Il mio coadiutore, invece, è anzitutto un galantuomo e un animo nobile, benché questo sia in parte occultato sotto il cumulo di intrighi abilmente orditi. Oggi può dare l'impressione di un traditore, perché in quell'epoca felice non esistevano partiti,[91] e la fedeltà a un'idea astratta, anche religiosa, sarebbe parsa il colmo della stupidità. Si era fedeli a esseri umani viventi a cui si era vincolati da legami di amicizia, da impegni, dal dovere di protezione o di obbedienza, oppure dalla stima. In questo senso, la preoccupazione per la fedeltà e per l'onore domina tutti gli intrighi del mio coadiutore. E così pure la preoccupazione per il bene pubblico. Il senso di ogni sua azione era un disperato tentativo di distruggere l'opera di Richelieu;[92] quando è stato vinto, qualcosa è svanito per sempre. Quell'inizio del XVII secolo è stato, in Francia, in Spagna, in Inghilterra, qualcosa di straordinariamente luminoso; un'ispirazione indefinibile ha allora raggiunto il punto culminante e si è poi dissolta di colpo per non riapparire mai più. Eccetto Racine,[93] non stimo nulla di ciò che è posteriore al

1660 (fino ai nostri giorni) quanto ciò che è venuto prima. Sorvolo su Corneille, che apprezzo poco sotto ogni punto di vista.[94] Ma ti ho parlato di Théophile?[95]

Les astres dont la bienveillance
Se sent forcer de ta vaillance
Sont apprêtés pour t'accueillir;
Déjà leur splendeur t'environne;
Dieu comme fleurs les vient cueillir
Pour t'en donner une couronne
Qui ne pourra jamais vieillir.

(*Ode à Guillaume d'Orange*)[96]

E sulla guerra civile del 1620 (nella quale Richelieu, tra parentesi, era schierato con i ribelli)

La campagne était allumée
L'air gros de bruit et de fumée,
Le ciel confus de nos débats,
Le jour triste de notre gloire,
Et le sang fit rougir la Loire
De la honte de vos combats.[97]

E questo non si direbbe un bellissimo Valéry?

Je sentis mon sang se geler
Et comme autour de moi voler
L'ombre de ma douleur future.[98]

Anche lui aveva quel senso dell'amicizia e quella generosità d'animo che non si sono più ritrovati dopo quell'epoca. Scriveva a Balzac: «Ciò che mi procura amici e invidiosi non è altro che la semplicità dei miei costumi, una fedeltà incorruttibile e la franchezza nell'amare perfettamente quelli che sono senza slealtà e senza codardia».[99]

Naturalmente lo hanno fatto soffrire in modo atroce e morire prematuramente. Se avesse avuto un po' di viltà d'animo, avrebbe potuto vivere fino alla vecchiaia,[100] e oggi forse sarebbe considerato uno dei due o tre più grandi poeti francesi. Per quel che mi riguarda, reputo Villon, Maurice Scève, lui e Racine al di sopra di tutti gli altri, e di molto.[101]
Non sono sicura che la scoperta degli incommensurabili[102] spieghi a sufficienza l'ostinato rifiuto dei Greci nei confronti dell'algebra. Probabilmente hanno conosciuto l'algebra babilonese sin dai primi tempi. La tradizione attribuisce a Pitagora un viaggio di studi a Babilonia. Certamente i Greci hanno trasposto quell'algebra in geometria molto tempo prima di Apollonio. Le trasposizioni di questo genere rinvenute in Apollonio concernono probabilmente le equazioni biquadratiche; quelle di secondo grado sono tutte risolvibili, una volta che si conoscono le proprietà del triangolo inscritto nel semicerchio – scoperta che è attribuita a Pitagora. (Si trovano così due quantità di cui sono noti la somma e il prodotto, o la differenza e il prodotto). Ma il fatto singolare è che quella trasposizione dell'algebra in geometria sembra essere non un aspetto secondario, ma il movente stesso dell'invenzione geometrica in tutta la storia della geometria greca.[103]
La leggenda relativa alla scoperta della similitudine dei triangoli ad opera di Talete (nell'ora in cui l'ombra dell'uomo è uguale all'uomo, l'ombra della piramide è uguale alla piramide) riferisce quella scoperta al problema di una proporzione con un termine incognito.
Nulla si sa della scoperta successiva, questa volta

ad opera di Pitagora, relativa alle proprietà del triangolo rettangolo. Ma ecco la mia ipotesi, che sicuramente è in sintonia con lo spirito delle ricerche pitagoriche: questa scoperta ha la sua origine nel problema di una media proporzionale fra due quantità note. Due triangoli simili aventi due lati non omologhi uguali rappresentano una proporzione a tre termini:

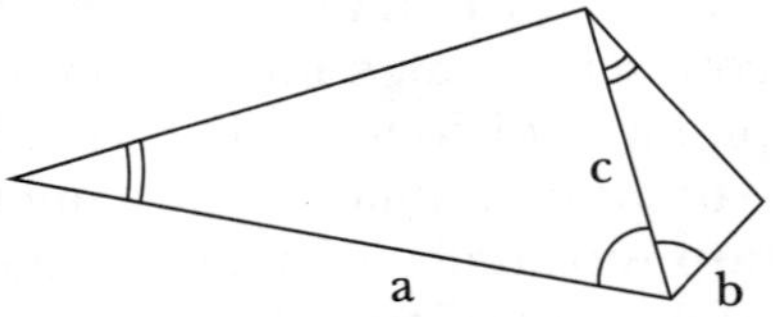

$$\frac{a}{c} = \frac{c}{b}$$

Se si fissano i due termini estremi su una medesima retta, la figura diventa un triangolo rettangolo (giacché l'angolo fra *a* e *b* diventa un angolo piatto, la cui metà è un angolo retto). La proprietà essenziale del triangolo rettangolo è di essere formato dalla giustapposizione di due triangoli simili ad esso e fra loro. Penso che Pitagora abbia scoperto questa proprietà per prima. Il triangolo rettangolo fornisce anche la soluzione del problema inverso: essendo note la media proporzionale e la somma o la differenza degli estremi, si trovino gli estremi.
Riguardo alle coniche e alle loro proprietà, l'inventore in questa materia si dice sia Menecmo, allievo di Platone, uno dei due geometri che hanno risolto il problema, posto da Apollo, della duplicazione del cubo. (L'altro è Archita; questi lo ha risolto tramite il toro). Menecmo ha risolto il

problema tramite le coniche (due parabole, oppure una parabola e un'iperbole). Mi pare quindi indubbio che le abbia inventate a questo scopo. Orbene, il problema della duplicazione del cubo si riduce a quello di trovare *due* medie proporzionali fra due quantità note.

È facile immaginare il processo della scoperta. Il cono è costituito infatti da un cerchio di diametro variabile, e la parabola fornisce la serie di tutte le medie proporzionali fra un termine fisso e uno variabile.

Si ha quindi una serie continua di problemi: proporzione a quattro termini di cui uno incognito – progressione geometrica a tre termini con quello medio incognito – progressione a quattro termini con i due medi incogniti.

Siccome le proprietà del triangolo rettangolo permettevano di risolvere i problemi di secondo grado, le proprietà delle coniche avrebbero permesso di risolvere quelli di terzo e di quarto grado.

Si noti che mentre noi risolviamo le equazioni supponendo che i simboli $\sqrt{\ }$, $\sqrt[3]{\ }$, ecc. abbiano un senso, i Greci attribuivano loro un senso ancor prima di affrontare le equazioni di grado corrispondente.

Si noti inoltre che l'assimilazione dell'incognita a una variabile risale per lo meno a Menecmo, se non a tempi più remoti. È difficile che i Babilonesi, con le loro equazioni numeriche, abbiano avuto questa nozione. I Greci del V secolo possedevano la nozione di funzione[104] e quella di rappresentazione delle funzioni tramite linee. La storia di Menecmo sembra suggerire che le curve fossero

per loro un mezzo per lo studio delle funzioni piuttosto che un oggetto di studio.
In tutto ciò si scorge un progresso che non presenta in alcun momento una soluzione di continuità imputabile al dramma degli incommensurabili. Certo, c'è stato un dramma degli incommensurabili, e di portata immensa. La divulgazione di questa scoperta ha gettato sulla nozione di verità un discredito che dura tuttora; ha fatto nascere, o quanto meno ha contribuito a far nascere, l'idea che si possano dimostrare altrettanto bene due tesi contraddittorie; i sofisti hanno diffuso fra le masse un simile punto di vista, nonché un sapere di qualità inferiore, teso unicamente verso la conquista della potenza; ne sono derivati, dalla fine del V secolo, la demagogia e l'imperialismo che ad essa è strettamente legato, le cui conseguenze hanno distrutto la civiltà ellenica; a causa di questo processo (al quale hanno certo contribuito altri fattori, segnatamente le guerre contro i Medi) le armi romane hanno potuto infine uccidere la Grecia, senza alcuna possibilità di una sua risurrezione. Ne concludo che gli dèi hanno avuto ragione di far perire in un naufragio il pitagorico colpevole di aver divulgato la scoperta degli incommensurabili.[105]
Non credo tuttavia che fra i geometri e i filosofi vi sia stato un dramma. Il pitagorismo è stato mandato in rovina da tutt'altro (nella misura in cui lo è stato), e cioè dal massiccio massacro dei pitagorici in Magna Grecia.[106] Del resto il pentagono stellato, che rappresenta un rapporto fra incommensurabili (divisione di un segmento in estrema e media ragione), fu uno dei simboli dei pitagori-

ci. Ma Archita (uno dei sopravvissuti) fu un grande geometra, e fu il maestro di Eudosso, autore della teoria dei numeri reali, della nozione di limite e della nozione di integrazione quali sono esposte in Euclide. Nulla induce a pensare che i pitagorici, parlando del numero, abbiano inteso riferirsi unicamente ai numeri interi. Tutto il contrario: dicendo che la giustizia, ecc., ecc. sono numeri, rendevano chiaramente evidente, mi sembra, che adoperavano quel vocabolo per designare qualsiasi specie di proporzione.[107] Di sicuro erano in grado di concepire il numero reale.
A mio avviso, l'elemento essenziale della scoperta degli incommensurabili è esterno alla geometria. Consiste in questo: certi problemi concernenti i numeri sono a volte suscettibili di soluzioni e a volte insolubili; così era per il problema di una media proporzionale fra due numeri dati. Questo da solo è sufficiente perché il numero in senso stretto non possa essere la chiave di tutto. Ebbene, quando se ne sono accorti? Non so se al riguardo si abbiano informazioni. In ogni modo è possibile che se ne siano accorti prima di qualsiasi geometria; bastava studiare in particolare i problemi relativi alla proporzione. E in tal caso il procedimento geometrico per trovare delle medie proporzionali (altezza del triangolo rettangolo) sarebbe apparso *immediatamente*, non appena scoperto, come qualcosa che non implica alcuna limitazione di quel genere. Tanto che possiamo domandarci se i Greci non abbiano studiato il triangolo per trovare proporzioni esprimibili altrimenti che in numeri interi; se di conseguenza non abbiano concepito sin dall'origine la retta come una

funzione, così come più tardi avrebbero fatto per la parabola. Questa tesi può essere oggetto di obiezioni, che però cadono a mio parere se ci rammentiamo del ruolo del segreto presso i pensatori greci, e della loro consuetudine a non divulgare se non falsando. Se Eudosso è l'artefice della teoria perfetta e compiuta del numero reale, ciò non esclude affatto che i geometri abbiano intravisto quella nozione sin dall'inizio, e abbiano costantemente cercato di afferrarla.
Possiamo chiederci perché i Greci si siano tanto applicati allo studio della proporzione. Si tratta senz'altro di una preoccupazione religiosa, e di conseguenza (dato che si tratta della Grecia) in parte estetica.[108] Il legame fra le preoccupazioni matematiche da un lato e quelle filosofico-religiose dall'altro, legame la cui esistenza è storicamente attestata per l'epoca di Pitagora, risale certamente a molto tempo prima. Infatti Platone, che è estremamente tradizionalista, dice spesso: «Gli uomini antichi, che erano molto più vicini di noi alla luce...» (alludendo evidentemente a un'Antichità ben più remota di quella di Pitagora);[109] d'altro canto affiggeva sulla porta dell'Accademia: «Nessuno entri qui se non è geometra»,[110] e diceva: «Dio è un perpetuo geometra».[111] Fra i due atteggiamenti vi sarebbe contraddizione – il che è da escludersi – se le preoccupazioni da cui è nata la geometria greca (in mancanza di questa stessa geometria) non risalissero a un'Antichità remota; si può ipotizzare che provengano o dagli abitanti preellenici della Grecia, o dall'Egitto, o dagli uni e dall'altro. Del resto l'orfismo (che ha questa duplice origine) ha ispirato il pitagorismo

e il platonismo (che sono in pratica equivalenti)[112] al punto che ci si può domandare se Pitagora e Platone non abbiano fatto altro che chiosarlo. Quasi sicuramente Talete è stato iniziato ai misteri greci ed egizi, e di conseguenza, dal punto di vista filosofico e religioso, era immerso in un'atmosfera analoga a quella del pitagorismo.[113]
Penso dunque che la nozione di proporzione sia stata fin da un'Antichità abbastanza remota oggetto di una meditazione che costituiva uno dei procedimenti di purificazione dell'anima, forse il procedimento principale. È fuor di dubbio che questa nozione era al centro dell'estetica, della geometria, della filosofia dei Greci.[114]
Ciò che rende i Greci originali in materia di matematica non è, credo, il rifiuto di ammettere l'approssimazione. Non c'è approssimazione nei problemi babilonesi; e per una ragione semplicissima: sono costruiti a partire dalle soluzioni. Si hanno inoltre decine (o centinaia, ora non so più) di problemi di quarto grado a due incognite aventi tutti la stessa soluzione. Questo mostra che i Babilonesi erano interessati solo al metodo, e non alla risoluzione di problemi posti realmente. Lo stesso vale per il problema del canale che ti ho citato, dove evidentemente non è mai data la somma degli operai e delle giornate di lavoro. Si divertivano a presupporre come incognito ciò che è dato, e come noto ciò che non lo è. Si tratta palesemente di un gioco, che conferisce al loro senso della « ricerca disinteressata » il massimo onore (avevano, per incentivi, borse e medaglie?). Ma non è altro che un gioco.
Ai Greci quel gioco doveva sembrare profano, o

addirittura empio; altrimenti perché non avrebbero tradotto i trattati di algebra – che probabilmente esistevano in babilonese – mentre li trasponevano in geometria? L'opera di Diofanto avrebbe potuto essere scritta molti secoli prima. Ma i Greci non attribuivano alcun valore a un metodo di ragionamento considerato di per sé, gli attribuivano valore in quanto permetteva di studiare in modo efficace problemi concreti; non perché fossero avidi di applicazioni tecniche, ma perché il loro unico scopo era quello di concepire con chiarezza sempre maggiore un'identità di struttura fra la mente umana e l'universo. La purezza dell'anima era il loro unico assillo; « imitare Dio » ne era il segreto; lo studio della matematica aiutava a imitare Dio in quanto consideravano l'universo come sottomesso alle leggi matematiche, il che faceva del geometra un imitatore del legislatore supremo. È chiaro che i giochi matematici dei Babilonesi, dove si dava la soluzione ancor prima dei dati, non potevano servire a questo scopo. Occorrevano dati che fossero realmente forniti dal mondo o dall'azione sul mondo; bisognava quindi trovare rapporti fra quantità tali che non vi fosse bisogno di preparare artificialmente i problemi in modo da « non avere resto », come nel caso dei numeri interi.

Il fatto è che per i Greci la matematica era veramente un'arte. Il suo scopo era il medesimo di quello della loro arte, ovvero rendere sensibile un'affinità fra la mente umana e l'universo, fare apparire il mondo come « la città di tutti gli esseri dotati di ragione ».[115] E la loro matematica aveva per davvero una materia dura, una materia che esisteva, al pari di quella di tutte le arti senza eccezione, nel senso fisico del termine; questa materia era lo spazio realmente dato, imposto come una condizione di fatto a tutte le azioni degli uomini.[116] La loro geometria era una scienza della natura; la loro fisica (penso alla musica dei pitagorici, e soprattutto alla meccanica di Archimede e al suo studio dei corpi galleggianti) era una geometria dove le ipotesi erano presentate come postulati.

Ho il timore che oggi ci si avvicini piuttosto alla concezione dei Babilonesi, vale a dire che si faccia un gioco più che un'arte. Mi chiedo: quanti sono oggi i matematici che considerano la matematica un procedimento volto a purificare l'anima e a «imitare Dio»? Mi sembra, d'altro canto, che manchi la materia. Si fa molta assiomatica, cosa che sembra avvicinare ai Greci, ma gli assiomi non si scelgono, in larga misura, a piacimento? Tu parli di «materia dura»; ma questa materia non è essenzialmente costituita dall'insieme dei lavori matematici compiuti fino a oggi? In questo caso la matematica attuale costituirebbe uno schermo tra l'uomo e l'universo (e quindi fra l'uomo e Dio, concepito al modo dei Greci) invece di metterli in contatto.[117] Ma forse la sto calunniando.

A proposito dei Greci, hai sentito parlare di un certo Autran, che ha appena pubblicato un libro su Omero?[118] Ha espresso una tesi sensazionale, e cioè che i Lici e i Fenici del secondo millennio prima della nostra èra sarebbero stati Dravida.[119] I suoi argomenti, che sono filologici, non sembrano disprezzabili, per quel che se ne può giudicare senza conoscere le lingue dravidiche e le iscrizio-

ni che cita. Ma la tesi è molto seducente – fin troppo seducente –, nel senso che dà una spiegazione estremamente semplice delle analogie fra il pensiero della Grecia e quello dell'India.[120] Il clima forse spiegherebbe a sufficienza le differenze. Ad ogni modo, come non aver nostalgia di un'epoca in cui uno stesso pensiero si ritrovava dappertutto, presso ogni popolo, in ogni paese, un'epoca in cui le idee circolavano con ardore prodigioso, e si possedeva tutta la ricchezza che la diversità procura? Oggi, così come sotto l'Impero romano, l'uniformità si è abbattuta dappertutto, ha cancellato tutte le tradizioni, e nel contempo le idee hanno pressoché smesso di circolare. Ma insomma! Fra mille anni, forse, andrà un po' meglio.
Fraternamente,

Simone

LETTERA 7

Rouen, 26 marzo 1940[121]

Mia cara sorella,
negli ultimi tempi ho avuto, a proposito dei miei lavori aritmetico-algebrici, alcuni pensieri che possono servire da risposta a una tua lettera in cui mi interrogavi su ciò che per me costituisce il loro interesse.[122] Mi decido dunque ad annotarli, con il rischio che in massima parte ti risultino incomprensibili; ti avverto poi che non potrai cercare di capire certi punti senza cadere nel lautmanismo, nel qual caso non esiterei a ripudiarti.[123]

Le riflessioni che seguono sono di due specie. Le une vertono sulla storia della teoria dei numeri; forse all'inizio ti sembrerà di capire; poi non capirai più niente. Le altre vertono sul ruolo dell'analogia nella scoperta matematica, esaminato su un preciso esempio, e ne trarrai forse qualche profitto. Ti avviso che tutto ciò che riguarda la storia della matematica, in quello che segue, poggia su un bagaglio di conoscenze del tutto insufficienti, che in gran parte è una ricostruzione *a priori*, e che, anche se così devono essere andate le cose (il che non è dimostrato), non potrei affermare che siano andate davvero così. Del resto in matematica, più o meno come in ogni altra cosa, lungo la linea della storia vi sono delle svolte.

Dopo queste dovute precauzioni, affrontiamo la storia della teoria dei numeri. È interamente dominata dalla legge di reciprocità. Si tratta del *theorema aureum* di Gauss (? su questo avrei bisogno di rinfrescare la memoria; a Gauss piacevano molto simili denominazioni, c'era anche un suo *theorema egregium*, e non so più *which is which*)[124] – da lui pubblicato nel 1801 in quelle *Disquisitiones* che hanno cominciato a essere lette e comprese solo verso il 1820 da Abel, Jacobi, Lejeune Dirichlet,[125] e che per circa un secolo sono rimaste la bibbia dell'aritmetico. Ma per dire che cos'è questa legge, il cui enunciato era già noto a Eulero e a Legendre[126] <Eulero l'aveva trovato empiricamente, come anche Legendre; inoltre Legendre pretese di darne una dimostrazione, nella sua *Arithmétique*, che supponeva come vero, sembra, qualcosa che era difficile pressappoco come il teorema; ma si lagnò amaramente del «furto» commesso da

Gauss, il quale, senza conoscere Legendre, ritrovò a sua volta empiricamente l'enunciato, ne diede due bellissime dimostrazioni già nelle *Disquisitiones*, e più tardi altre quattro o cinque, tutte fondate su princìpi diversi>,[127] per spiegare, dunque, che cos'è la legge di reciprocità, bisogna risalire più indietro nel tempo.

Ai suoi esordi l'algebra si prefiggeva, date certe equazioni, di cercarne le soluzioni in un ambito a sua volta dato, che poteva essere quello dei numeri positivi, quello dei numeri reali e, più tardi, quello dei numeri complessi. Non si era ancora concepita l'idea così ingegnosa, tipica dell'algebra moderna, di stabilire l'equazione e *successivamente* costruire *ad hoc* un ambito in cui avesse una soluzione (non ho nulla da dire contro questa idea, che si è dimostrata estremamente feconda; d'altronde, a proposito della risoluzione mediante radicali, da qualche parte Poincaré[128] sviluppa delle belle riflessioni sul processo generale attraverso il quale, dopo aver a lungo e invano cercato di risolvere un certo problema con un certo procedimento fissato in anticipo, i matematici rovesciano i termini della questione e partono dal problema per costruire i metodi adeguati). Con i numeri negativi avevano dunque risolto, ogni volta che è possibile, l'equazione di secondo grado; quando l'equazione non aveva una soluzione, la formula in uso ne dava di «immaginarie», sulle quali rimanevano molti dubbi (così fu, appunto, fino a Gauss e ai suoi contemporanei); proprio a causa di quelle soluzioni immaginarie la cosiddetta formula di Cardano o di Tartaglia,[129] per la risoluzione dell'equazione di terzo grado mediante radicali, non mancava di suscitare una certa inquietudine. Comunque sia, quando Gauss, nelle *Disquisitiones*, partì dalla nozione di congruenza per elaborare un'esposizione sistematica, era naturale, altresì, cercare di risolvere, dopo le congruenze di primo grado, quelle di secondo grado <una congruenza è una relazione *fra interi* a, b, m, che si scrive: $a \equiv b$ modulo m, o in forma abbreviata $a \equiv b$ (mod. m) o $a \equiv b$ (m), e significa che a e b divisi per m danno lo stesso resto, o che $a - b =$ multiplo di m; una congruenza di primo grado è: $ax + b \equiv 0$ (m); una di secondo grado è: $ax^2 + bx + c \equiv 0$ (m), ecc.>;[130] queste si riducono (con lo stesso procedimento con cui l'ordinaria equazione di secondo grado si riduce a un'estrazione di radice) a $x^2 \equiv a$ (mod. m); se questa ha una soluzione, si dice che a è residuo quadratico di m; altrimenti, che a è non-residuo (1 e -1 sono residui di 5, 2 e -2 non-residui). Il fatto che queste nozioni erano comparse molto tempo prima di Gauss non vuol dire che allora si fosse partiti dalla nozione di congruenza; questa si presentava tuttavia da sé nei problemi « diofantei »[131] (risoluzione di equazioni in interi o in razionali), che costituivano l'oggetto dei più importanti lavori di Fermat:[132] l'equazione diofantea di primo grado $ax + by = c$ equivale alla congruenza di primo grado $ax \equiv c$ (mod. b); le equazioni di secondo grado dei tipi studiati da Fermat (scomposizioni in quadrati, $x^2 + y^2 = a$, equazioni $x^2 + ay^2 = b$, ecc.) non sono equivalenti a congruenze, eppure queste, e in particolare la distinzione dei numeri in residui e non-residui, vi svolgono un ruolo importante, che a onor del vero non appare in Fermat (in realtà non possediamo le sue dimostrazioni, ma pare che abbia utilizzato soprattutto altri princìpi, su cui siamo invece più o meno informati), ma che, per quanto ne so (di seconda mano), è già in grande evidenza in Eulero. – La legge di reciprocità permette dunque di sapere, dati due numeri primi p e q, se q è o non è residuo (quadratico) di p, posto che si sappia: a) se p è o non è residuo di q; b) se p e q sono rispettivamente $\equiv 1$ o $\equiv -1$ modulo 4 (ovverosia, per $q = 2$, se p è $\equiv 1, 3, 5$ o 7 modulo 8). Per esempio, si ha $53 \equiv 5 \equiv 1$ (mod. 4) e 53 non-residuo di 5, *quindi* 5 non-residuo di 53. Siccome il problema per i numeri non primi si riduce agevolmente al problema per i numeri primi, questo offre un modo semplice per determinare se a è o non è residuo di b, dal momento che lo si sa scomporre in fattori primi. Ma questa utilità «pratica» non conta. L'essenziale è che al riguardo vi siano delle *leggi*. È evidente che i residui di m sono ripartiti in progressioni aritmetiche di ragione m, giacché se a è residuo, lo stesso vale per tutti gli $mx + a$; ma è bello e sorprendente che i numeri primi p di cui m è residuo siano precisamente quelli che appartengono a certe progressioni aritmetiche di ragione $4m$, essendo tutti gli altri non-residui:[133] ciò appare ancor più mirabile se si considera che, d'altra parte, la ripartizione dei numeri primi in una progressione aritmetica *data* $Ax + B$ (si sa grazie a Dirichlet che ve ne sono sempre un'infinità, ovviamente a condizione che A, B siano primi fra loro) non soggiace ad alcuna legge nota, se non a quella statistica (numero approssimativo di quei numeri <primi> che sono $\leq T$, il quale, dato A, è lo stesso, qualunque sia B primo rispetto ad A), e risulta, in ciascun caso concreto che si esamini numericamente, altrettanto «fortuita» quanto una serie di puntate vincenti alla roulette.

Il resto delle *Disquisitiones* contiene principalmente: 1) la teoria definitiva delle forme quadratiche a due variabili, $ax^2 + bxy + cy^2$, che porta *fra l'altro* alla risoluzione completa del problema che ha dato origine a questa teoria: sapere se $ax^2 + bxy + cy^2 = m$ ammetta soluzioni in interi; 2) lo studio delle radici n-esime dell'unità, $e^{\frac{2\pi\imath}{n}}$, e, come diremmo noi, la teoria di Galois[134] *per i corpi generati da queste radici* e i loro sottocorpi (il tutto senza utilizzare nella scrittura gli immaginari, né altre funzioni se non quelle trigonometriche, e pervenendo alla condizione necessaria e sufficiente perché si possa costruire l'n-gono regolare con riga e compasso), che appare come un'applicazione della determinazione del gruppo moltiplicativo dei numeri modulo m fatta all'inizio, preliminarmente alla risoluzione delle congruenze. Non mi riferisco alla teoria delle forme quadratiche con più di due variabili, che fino a oggi ha avuto scarsa influenza sullo sviluppo generale della teoria dei numeri. L'oggetto delle ulteriori ricerche di Gauss è stato soprattutto lo studio dei residui cubici e biquadratici (definiti da $x^3 \equiv a$ e $x^4 \equiv a$ (mod. m)); gli ultimi sono un po' più semplici: Gauss riconobbe che non si può sperare in un risultato semplice se si rimane nell'ambito degli interi ordinari, che bisogna passare agli interi «complessi» $a + b\sqrt{-1}$ (a questo proposito, più o meno contemporaneamente ad Argand,[135] inventò la rappresentazione geometrica dei n<umeri> complessi tramite i punti del piano, grazie alla qua-

le furono definitivamente dissipati tutti i dubbi in merito agli «immaginari»). Per i residui cubici si deve ricorrere agli «interi» $a + bj$, con a e b interi, j = radice cubica di $1 = \frac{-1+\sqrt{-3}}{2}$; anche Gauss se ne rese conto, e pensò perfino di studiare l'ambito delle radici n-esime dell'unità (ne rimane traccia nelle sue annotazioni), proponendosi al tempo stesso di ricavarne la dimostrazione del «teorema di Fermat» ($x^n + y^n = z^n$ impossibile), da lui intravista come un'applicazione minimissima (stando alle sue parole) di una simile teoria. Ma si scontrò con il fatto che in tal caso non c'è più scomposizione unica in fattori primi (tranne precisamente per i e j, radici 4ª e 3ª dell'unità, e credo anche per le radici 5ᵉ).
Ecco dunque molti fili arruffati; per sbrogliarli e riunirli nuovamente in un'unica matassa ci sono voluti centoventicinque anni. I grandi nomi sono Dirichlet (che introdusse nella teoria delle forme quadratiche le funzioni $\zeta(s)$ e le funzioni $L(s)$, mediante le quali dimostrò fra l'altro che qualsiasi progressione aritmetica contiene un'infinità di numeri primi; ma soprattutto dopo di lui non si è dovuto far altro che conformarsi al suo modello per applicare quel tipo di funzioni in teoria dei numeri), Kummer (che mise ordine nei corpi delle radici dell'unità inventando i fattori «ideali», e che nella teoria di questi corpi si spinse abbastanza lontano da conseguire dei risultati sul teorema di Fermat),[136] Dedekind, Kronecker, Hilbert, Artin.[137] Passiamo ora a un abbozzo del quadro complessivo che emerge da tutto questo.
Non posso dire nulla senza servirmi della nozione

di corpo, che, se ci si limita alla definizione, è abbastanza semplice (è un insieme in cui si possono eseguire le «quattro operazioni» elementari, che vi mantengono le abituali proprietà commutativa, associativa, distributiva); senza servirmi della nozione di estensione algebrica di un corpo K (è un corpo K', contenente K, in cui qualsiasi elemento α sia radice di un'equazione algebrica $\alpha^n + c_1 \alpha^{n-1} + c_2 \alpha^{n-2} + \ldots + c_{n-1} \alpha + c_n = 0$, con coefficienti $c_1, c_2 \ldots c_n$ in K); senza servirmi, infine, della nozione di estensione *abeliana* di un corpo K: vale a dire un'estensione algebrica di K il cui *gruppo di Galois* sia abeliano, cioè commutativo. Dare spiegazioni più ampie sulle estensioni abeliane sarebbe vano; è meglio dire che sono più o meno la stessa cosa, ma non proprio la stessa cosa, di un'estensione di K ottenuta tramite aggiunta di radici n-esime (radici di equazioni $x^n = a$, con a in K); solo se K contiene n radici n-esime dell'unità (distinte), quale che sia l'intero n, allora è esattamente la stessa cosa (ma il più delle volte ci si interessa a un corpo che non ha questa proprietà). Se K contiene n radici n-esime dell'unità (per un n dato), allora ogni estensione abeliana di grado n (vale a dire generabile tramite aggiunta a K di *una* radice di un'equazione di grado n) può essere generata da[138] radici m-esime (con m divisore di n). Questa nozione si è presentata a Abel nel corso delle sue ricerche sulle equazioni risolvibili mediante radicali (lui non conosceva d'altronde la nozione di gruppo di Galois, che chiarisce tutte le sue questioni). Non mi è possibile indicare qui in che modo quelle ricerche di Abel siano state influenzate dai risultati di Gauss (vedi sopra) sulla divisione del cerchio e sulle radici n-esime dell'unità (che generano un'estensione *abeliana* del corpo dei razionali), né quali rapporti abbiano avuto con alcuni lavori di Lagrange, con gli specifici lavori di Abel sulle funzioni ellittiche (la cui divisione dà luogo, come ha colto lo stesso Abel, a equazioni *abeliane* – le radici generano estensioni abeliane –, un risultato già conosciuto ma non pubblicato da Gauss, almeno per il caso particolare detto della lemniscata)[139] e sulle funzioni abeliane, così come con i lavori di Jacobi sul medesimo argomento (è Jacobi, fra l'altro, che ha inventato le «funzioni abeliane» nell'accezione attuale e le ha così denominate, vedi la sua dissertazione *De transcendentibus quibusdam abelianis*) e con quelli di Galois (che sono stati compresi solo a poco a poco e con grande ritardo; in Riemann[140] non c'è *alcun* indizio che egli ne abbia tratto il minimo profitto, *benché* – cosa davvero notevole – Dedekind, *Privatdozent* a Gottinga e suo intimo amico, avesse tenuto un corso sui gruppi astratti e sulla teoria di Galois già nel 1855 o 1856, dunque quando R. era nel pieno della sua produzione).

Sapere se a sia residuo di p primo (per a non multiplo di p!) vuol dire sapere se $x^2 - a \equiv 0 \ (p)$, oppure $x^2 - a = py$, abbia delle soluzioni; passando al corpo di $\sqrt{a}$, si ottiene $(x - \sqrt{a})\ (x + \sqrt{a}) = py$; in questo corpo, quindi, p non è primo rispetto a $x - \sqrt{a}$, e tuttavia non lo divide. Nel linguaggio degli ideali ciò equivale a dire che, in tale corpo, p non è primo, ma si scompone in due fattori ideali primi. Siamo quindi in presenza del problema: essendo K un corpo (in questo caso, il corpo dei razionali), essendo K' (in questo caso, K' dedotto da K tramite «aggiunta» di $\sqrt{a}$) un'estensione algebrica di K, bisogna sapere se un ideale (in questo caso, un numero) primo in K resti primo in K' o se si scomponga in ideali primi e in che modo: per a supposto come dato, la legge di reciprocità indica i p di cui a è residuo, risolvendo così il problema per il caso particolare in questione. Qui e in tutto ciò che segue i corpi K, K', ecc. sono corpi di numeri algebrici (radici di equazioni algebriche a coefficienti razionali).

Quando si tratta di residui biquadratici, si è alle prese con un corpo generato da $\sqrt[4]{a}$: ma un simile corpo non è in *generale* un'estensione[141] abeliana del «corpo base» K, a meno che l'aggiunta di una radice quarta di a non comporti *nello stesso tempo* quella delle altre tre, esigendo così (poiché, se α è una di esse, le altre sono $-\alpha$, $i\alpha$, $-i\alpha$) che K contenga $i=\sqrt{-1}$: per questo non si avrà nulla di semplice se si prende come corpo base il corpo dei razionali, mentre tutto va bene se si prende (come Gauss) il corpo dei «razionali complessi» $r+si$ (r, s razionali). Lo stesso vale per i residui cubici. In tal caso, nel corpo K' ottenuto tramite aggiunta di una radice 4ª (o rispettivamente 3ª) a partire da un corpo base K contenente i (o rispettivamente $j=\frac{-1+\sqrt{-3}}{2}=\sqrt[3]{1}$), si studia la scomposizione di un ideale (qui, di un numero) primo di K.

Ebbene,[142] il problema della scomposizione in K' degli ideali di K si risolve completamente quando K' è un'estensione abeliana di K, e la soluzione è molto semplice, e generalizza direttamente e in modo evidente la legge di reciprocità. Alle progressioni aritmetiche in cui si trovano i numeri primi, residui di *a*, si sostituiscono classi di ideali la cui definizione è abbastanza semplice. Le classi di forme quadratiche a due variabili, studiate da Gauss, corrispondono a un caso particolare delle classi di ideali, come Dedekind aveva riconosciuto; i metodi analitici di Dirichlet (mediante le funzioni ζ o L) per lo studio delle forme quadratiche si traspongono molto agevolmente alle classi di ideali più generali che si devono considerare in questa teoria (per esempio, al teorema della progressione aritmetica corrisponderà il risultato seguente: in ciascuna delle n classi di ideali in K c'è un'infinità di ideali primi; dunque un'infinità di ideali primi di K che si scompongono in un dato modo in K'). Infine, la scomposizione degli ideali di K in classi determina in modo univoco K'; e, per il teorema detto *legge di reciprocità di Artin* (in quanto contiene implicitamente la legge di Gauss e tutte le sue generalizzazioni conosciute), vi è una corrispondenza (un «isomorfismo») fra il gruppo di Galois di K' in rapporto a K e il «gruppo» delle classi di ideali in K. Una volta noto ciò che avviene in K, dunque, si ha una conoscenza completa delle estensioni *abeliane* di K. Questo non significa che riguardo alle estensioni abeliane non vi sia più nulla da fare (per esempio, se K è il corpo dei razionali, le si può generare mediante i numeri $e^{\frac{2\pi i}{n}}$, quindi per mezzo della funzione esponenziale; se K è il corpo di $\sqrt{-a}$, con a intero positivo, le si può generare per mezzo di funzioni ellittiche o collegate alle funzioni ellittiche; nel caso di qualunque altro K, non si sa nulla). Ma simili questioni sono ben dipanate; e possiamo dire che *tutto* ciò che si è fatto in aritmetica a partire da

Gauss sino a questi ultimi anni consiste in variazioni sulla legge di reciprocità: all'inizio c'era quella di Gauss; alla fine, a coronamento di tutti i lavori di Kummer, Dedekind, Hilbert, siamo approdati a quella di Artin, *ed è la stessa.* Questo è bello, ma un po' irritante. Probabilmente ne sappiamo un po' più di Gauss; ma quel che sappiamo di più è per l'appunto (o poco ci manca) il fatto che non ne sappiamo di più.

Si spiega quindi come mai, già da tempo, i matematici abbiano posto all'ordine del giorno il problema delle leggi di scomposizione non abeliane (problema su K, K', quando K' è un'estensione qualsiasi, non abeliana, di K; si tratta sempre di corpi di numeri algebrici). Quel che ne sappiamo si riduce a poca cosa; e questo poco lo ha trovato Artin. A ciascun corpo è legata una funzione ζ trovata da Dedekind; se K' è un'estensione di K, la funzione ζ legata a K' si scompone in fattori; è Artin ad aver scoperto questa scomposizione; quando K' è un'estensione abeliana di K, quei fattori sono identici alle funzioni L di Dirichlet, o piuttosto alla loro generalizzazione per il corpo K e per le classi di ideali in K, e l'identità fra quei fattori e quelle funzioni *è* (espressa diversamente) la legge di reciprocità di Artin: e sempre allo stesso modo Artin giunse in un primo momento a formulare quella legge a titolo di audace congettura (pare che Landau[143] lo prendesse in giro) qualche tempo prima di riuscire a dimostrarla (cosa curiosa, la sua dimostrazione è una semplice trasposizione della dimostrazione di un altro risultato, apparsa nel frattempo, <dovuta a> Čebotarëv,[144] che del resto egli non manca di citare; e tuttavia la gloria

della scoperta spetta, e a buon diritto, a Artin). In altre parole, la legge di reciprocità non è che la legge di formazione dei coefficienti delle serie che rappresentano i fattori di Artin (detti «funzioni *z*» o «funzioni *L*» di Artin). Siccome la scomposizione in fattori resta valida se *K'* è un'estensione non abeliana, è naturale che si affrontino questi fattori, queste «funzioni *z* non abeliane», per ricercare la legge di formazione dei loro coefficienti. Bisogna osservare che, nel caso abeliano, sappiamo che le funzioni di Dirichlet, e di conseguenza le funzioni di Artin, che non ne differiscono in nulla, sono funzioni intere. Nel caso generale non sappiamo niente di simile: vi è quindi un punto, come già segnalava Artin, dove sferrare l'attacco (mi scuso della metafora); *poiché* sembra che gli strumenti dell'aritmetica conosciuti non consentano di dimostrare che le funzioni di Artin sono funzioni intere, possiamo sperare che dimostrandolo si apra una breccia che permetta di entrare nella piazzaforte (mi scuso dell'aggravamento della metafora).
Essendo la breccia ben difesa (dal momento che ha resistito a Artin), bisogna allora passare in rassegna l'artiglieria e gli attrezzi da trincea di cui si dispone (mi scuso, ecc.).[145] E qui interviene l'*analogia* annunciata sin dall'inizio, e che, come Tartuffe, appare solo nel terzo atto.[146]
È opinione abbastanza comune che riguardo alle funzioni algebriche di una variabile non vi sia più niente da fare, perché Riemann, che su queste funzioni ha scoperto pressappoco tutto ciò che ne sappiamo (a prescindere dai lavori di Poincaré e Klein[147] sull'uniformizzazione e da quelli di Hur-

witz e Severi[148] sulle corrispondenze), non ci ha lasciato nessun enunciato relativo a un grande problema che le riguardi. Io sono probabilmente uno di quelli che sull'argomento ne sanno di più; probabilmente perché ho avuto la fortuna (nel 1923) di conoscerlo direttamente attraverso Riemann, la cui dissertazione è certamente una delle opere più grandiose che matematico abbia mai scritto; non c'è una sola parola, lì, che non sia considerevole. La questione, del resto, non è chiusa, come risulta ad esempio dal mio *mémoire* sul «J<ournal> de Liouville»[149] (vedine l'introduzione). Naturalmente non sono così sciocco da paragonarmi a Riemann; ma aggiungere anche solo pochissimo a Riemann è, come si direbbe in greco, già qualcosa, anche se per questo ci si serve (dicendolo o senza dirlo) di Galois, di Poincaré e di Artin.

Comunque sia, Dedekind, più o meno all'epoca (fra il 1875 e il 1890) in cui creava la teoria degli ideali nei corpi dei numeri algebrici (negli eccellenti «XIes Suppléments»: egli ha pubblicato e mirabilmente curato quattro edizioni delle *Leçons* sulla teoria dei numeri che Dirichlet tenne a Gottinga o forse a Berlino negli ultimi anni di vita; fra le appendici o «Suppléments» delle *Leçons*, dove in apparenza nulla indica se sono opera originale di Dedekind, e che del resto lo sono solo in parte, a partire dalla seconda edizione figura un'esposizione della teoria degli ideali, in tre versioni del tutto diverse a seconda dell'edizione), scoprì che princìpi analoghi permettono di stabilire, per via puramente algebrica, i principali risultati detti «elementari» della teoria delle funzioni algebriche di una variabile, ottenuti da Riemann per via trascendente; e pubblicò, insieme a Weber,[150] una relazione su quei risultati, dedotta da quei princìpi. Fino a quel momento, quando si parlava di funzioni algebriche, si trattava sempre di una funzione y di una variabile x, definita da un'equazione $P(x, y) = 0$, dove P è un polinomio *a coefficienti complessi*. Quest'ultimo punto era essenziale per l'applicazione dei metodi di Riemann; per contro, con quelli di Dedekind è possibile prendere i coefficienti in un qualsiasi corpo (detto «corpo delle costanti»), perché i ragionamenti sono *puramente algebrici*. Un punto, questo, che a breve assumerà importanza.

Le analogie così messe in evidenza da Dedekind sono d'altronde abbastanza facili da concepire. Agli interi si sostituiscono i polinomi in x; alla divisibilità degli interi quella dei polinomi (si sa perfettamente, e lo si insegna anche nei licei, che per gli uni e gli altri vigono leggi del tutto analoghe, ad esempio riguardo alla formazione del M<assimo> C<omune> D<divisore>); ai razionali le frazioni razionali; ai numeri algebrici le funzioni algebriche. A prima vista l'analogia rimane superficiale; ai[151] problemi più profondi della teoria aritmetica (scomposizione degli ideali primi) non corrisponde nulla nella teoria delle funzioni algebriche; e inversamente. Hilbert si spinse più lontano nella comprensione di queste materie; vide per esempio che al teorema detto di Riemann-Roch (cioè di Riemann, ma pubblicato dal suo allievo Roch)[152] corrispondono in aritmetica i risultati di Dedekind sull'ideale chiamato «differente»: questa intuizione è stata pubblicata da Hilbert solo in un resoconto pressoché sconosciuto (che mi è stato segnalato da Ostrowski),[153] ma si è trasmessa oralmente, così come altre sue idee sull'argomento. Le leggi non scritte della matematica moderna impongono il divieto assoluto di menzionare per iscritto simili intuizioni che non sono suscettibili né di un preciso enunciato né, a maggior ragione,[154] di dimostrazione. A dire il vero, se così non fosse, saremmo oberati di scritti ancora più stupidi se non più inutili di quelli quotidianamente pubblicati nei periodici. Eppure ci sarebbe piaciuto se Hilbert avesse fissato per iscritto tutto ciò che aveva in mente a questo proposito.

Esaminiamo più da vicino questa analogia. Non appena si traduce[155] nella possibilità di trasferire una dimostrazione tale e quale da una teoria all'altra, smette, su questo punto, di essere feconda; smetterà completamente di esserlo se un giorno si riuscirà, in modo sensato e non artificioso, a fondere le due teorie in una sola. Allo stesso modo, intorno al 1820 i matematici[156] (Gauss, Abel, Galois, Jacobi) si lasciavano guidare, con angoscia e delizia, dall'analogia fra la divisione del cerchio (problema di Gauss) e la divisione delle funzioni ellittiche. Oggi dimostriamo molto facilmente che entrambi i problemi danno luogo a equazioni abeliane; abbiamo la teoria (parlo della teoria puramente algebrica, ora non si tratta di aritmetica) delle estensioni abeliane. Fine dell'analogia: fine delle[157] due teorie, fine di quei torbidi e deliziosi riflessi[158] dall'una all'altra, di quelle carezze furtive,[159] di quegli screzi inesplicabili; non abbiamo più, ahimè, che una sola teoria, la cui maestosa bellezza non riesce a emozionarci.[160] Non vi è nulla di più fecondo di quei palpeggiamenti un poco adulteri; non vi è nulla che susciti nello studioso altrettanto piacere, sia che vi partecipi sia che, da storico, si limiti a contemplarli retrospettivamente, non senza un pizzico di malinconia. Il piacere deriva dall'illusione[161] e dal turbamento dei sensi; dissolta l'illusione, ottenuta[162] la conoscenza, si raggiunge al tempo stesso l'indifferenza: su questo nella *Gītā* ci sono, a dir poco, un mucchio di *śloka*,[163] uno più definitivo dell'altro. Ma torniamo alle nostre funzioni algebriche.

Che sia dovuto alla tradizione hilbertiana o all'attrattiva di questo[164] argomento, le analogie fra funzioni e numeri algebrici hanno impegnato la mente di tutti i grandi aritmetici del nostro tempo;[165] estensioni abeliane e funzioni abeliane, classi di ideali e classi di divisori: c'era materia per tanti seducenti giochi d'ingegno, alcuni dei quali rischiavano di essere ingannevoli (come l'intervento delle funzioni theta in entrambe le teorie). Ma per cavarne qualcosa, occorrevano due mezzi tecnici d'invenzione abbastanza recente. Da una parte, la teoria delle funzioni algebriche, quella di Riemann, poggia *essenzialmente* sull'idea di invarianza birazionale; per esempio, se si tratta del corpo delle funzioni *razionali* di una variabile x, si introducono (prendo anzitutto il caso del corpo di costanti di numeri complessi) i *punti* corrispondenti ai diversi valori complessi di x, *compreso* il punto all'infinito; è indicato simbolicamente con $x = \infty$, e definito con $1/x = 0$; il fatto che questo punto svolga esattamente lo stesso ruolo di tutti gli altri è essenziale. Sia $R(x) = a \frac{(x-\alpha_1)(x-\alpha_2) \ldots\ldots (x-\alpha_m)}{(x-\beta_1)(x-\beta_2) \ldots\ldots (x-\beta_n)}$ una frazione razionale, con la sua scomposizione in fattori; essa avrà gli zeri $\alpha_1, \alpha_2, \ldots, \alpha_m$, gli infiniti $\beta_1, \beta_2, \ldots, \beta_n$, *e* il punto ∞ come zero se $n > m$, come infinito se $n < m$. Nell'ambito dei *numeri* razionali si ha sempre la scomposizione in fattori primi, $r = \frac{p_1 p_2 \cdots p_m}{q_1 q_2 \cdots q_n}$, con ogni fattore primo corrispondente a un fattore binomio $(x-\alpha)$; ma in apparenza nulla corrisponde al punto all'infinito. Se si modella dunque la teoria delle funzioni sulla teoria dei numeri algebrici, si è costretti[166] a far svolgere al punto all'infinito, *nelle dimostrazioni*, un ruolo del tutto speciale, a rischio di escluderlo dall'enunciato definitivo dei risultati: così facevano Dedekind-Weber, così hanno fatto tutti gli autori che hanno scritto intorno alla teoria puramente algebrica delle funzioni algebriche *di una variabile, sicché sono stato il primo,*[167] *due anni fa, a dare* (al «J<ournal> de Crelle»)[168] una dimostrazione puramente algebrica dei principali teoremi di questa teoria, birazionalmente invariante (vale a dire che non attribuisce[169] ad alcun punto un ruolo speciale) quanto le dimostrazioni di Riemann; e questo non ha solo un'importanza metodica. Comunque sia, è una buona cosa aver raggiunto questo risultato per i corpi di funzioni, ma sembra che così si perda di vista la nostra analogia. Per ristabilirla, bisogna introdurre nella teoria dei *numeri* algebrici qualcosa che corrisponda al punto all'infinito della teoria delle funzioni. Obiettivo che è stato raggiunto, e nel modo più soddisfacente, grazie alla teoria detta delle «valutazioni». Questa teoria, che non è difficile ma che qui non posso spiegare, si fonda sulla teoria dei corpi *p*-adici dovuta a Hensel;[170] definire un ideale primo in un corpo (dato *astrattamente*) *equivale* a rappresentarlo «isomorficamente» in un corpo *p*-adico; rappresentarlo allo stesso modo nel corpo dei numeri reali o complessi *equivale* (in questa teoria) a definire un «ideale primo all'infinito». Quest'ultima nozione si deve a Hasse[171] (che era stato allievo di Hensel), o forse a Artin, o a entrambi. *Se la si segue in tutte le sue conseguenze,* permette, già da sola, di ristabilire l'analogia nei molti punti in cui sembrava venir meno; permette anche di scoprire sui corpi di numeri risultati molto semplici ed elementari, che tuttavia erano rimasti inosservati (vedi la mia nota del 1938 o 1939 nella «Revue Rose»,[172] che su tutto questo contiene qualche dettaglio). Fin qui ce ne siamo serviti non tanto da questo punto di vista quanto per dare enunciati soddisfacenti dei principali risultati della teoria delle estensioni abeliane. (N.B. Ho dimenticato di dire che il più delle volte la si chiama «teoria del corpo di classi»). Un punto importante è che il corpo *p*-adico, o rispettivamente il corpo reale o complesso, corrispondente a un ideale primo, svolge in aritmetica esattamente quel ruolo che in teoria delle funzioni svolge il corpo degli sviluppi in serie *in vicinanza di un punto*: per questo lo si chiama *corpo locale.*

Con tutto questo abbiamo fatto grandi progressi; ma non basta. La teoria, puramente algebrica, delle funzioni algebriche su un *qualsiasi* corpo di costanti non è abbastanza ricca perché se ne possa trarre un insegnamento utile. La teoria «classica» (cioè riemanniana) delle funzioni algebriche sul corpo di costanti dei numeri complessi lo è infinitamente di più; ma per un verso lo è troppo, e nella massa dei fatti si perdono di vista certe analogie molto reali; e soprattutto è troppo distante dalla teoria dei numeri. Si finirebbe in un bell'impiccio se non ci fosse un ponte tra l'una e l'altra.

Ed ecco giustamente che Dio trionfa sul diavolo: quel ponte esiste; è la teoria dei corpi di funzioni algebriche sui corpi di costanti *finite* (cioè con un numero finito di elementi; detti anche campi di Galois, e in passato «immaginari di Galois», perché fu lui a definirli e studiarli per primo; sono le estensioni algebriche del corpo a p elementi formati dai numeri 0, 1, 2, ... $p-1$, quando si calcola su di essi *modulo* p, con p = numero primo). Comparivano già in Dedekind; un giovane studente di Gottinga, ucciso nel 1914 o 1915, studiò, nella sua dissertazione apparsa nel 1919 (lavoro del tutto autonomo, disse Landau, il suo maestro) le funzioni ζ per alcuni di questi corpi, e mostrò che vi si applicano i metodi ordinari della teoria dei numeri algebrici.[173] Nel 1921 o 1922 Artin riprese la questione, ancora dal punto di vista della funzione ζ; F.K. Schmidt[174] realizzò il ponte fra questi risultati e quelli di Dedekind-Weber, ponendo[175] la definizione della funzione ζ in forma birazionalmente invariante. Negli ultimi anni questi corpi hanno costituito per Hasse e la sua scuola uno degli oggetti di studio favoriti; qui Hasse ha ottenuto qualche bel successo.[176]

Ho parlato di ponte: sarebbe più corretto dire piattaforma girevole. Da una parte l'analogia con i corpi di numeri è così stretta e palese che non esiste[177]

ragionamento o risultato di aritmetica non trasferibile pressoché alla lettera a questi corpi di funzioni. Così è, in particolare, per tutto ciò che concerne le funzioni ζ e le funzioni di Artin; ma c'è di più: le funzioni di Artin *nel caso abeliano* sono *polinomi*, cosa che si può esprimere[178] dicendo che quei corpi forniscono un modello *semplificato* di quanto avviene nei corpi di numeri; c'è quindi motivo di congetturare che le funzioni di Artin non abeliane siano ancora polinomi: *è per l'appunto ciò di cui mi sto occupando in questo momento*, dato che tutto autorizza a credere che qualsiasi risultato acquisito per quei corpi, se formulato come si conviene, potrà inversamente essere trasferito ai corpi di numeri.
Ma dall'altra parte la distanza fra questi corpi di funzioni e i corpi «riemanniani» non è tale che non si possa imparare, con un paziente apprendistato, l'arte di passare dagli uni agli altri e di trarre profitto, per lo studio dei primi, dalle conoscenze acquisite sui secondi, e dai mezzi estremamente potenti che, nello studio di questi ultimi, ci offrono il calcolo integrale e la teoria delle funzioni analitiche. Non che tutto questo sia facile, neppure per sogno; ma si finisce con l'imparare a vedervi qualcosa, anche se in modo ancora confuso. Al riguardo conta molto l'intuizione; intendo dire la facoltà di vedere un rapporto fra cose in apparenza del tutto dissimili; facoltà che non manca altresì di disorientare con una certa frequenza. Comunque sia, il mio lavoro consiste in qualche modo nel decifrare un testo trilingue; di ciascuna delle tre colonne non ho che frammenti piuttosto sconnessi; su ciascuna delle tre lingue possiedo qualche nozione; ma so anche che fra

una colonna e l'altra ci sono grandi differenze di senso senza che nulla me ne dia in anticipo l'avvertimento. Dopo alcuni anni di applicazione padroneggio parti del dizionario. A volte concentro i miei sforzi su una colonna, a volte su un'altra. Il mio grande lavoro del «Journal de Liouville» ha fatto avanzare di molto la colonna in «riemanniano»; disgraziatamente, gran parte del testo così decifrato sicuramente non ha una traduzione nelle altre due lingue: rimane una porzione, che mi è utilissima. In questo momento sto lavorando sulla colonna mediana. Tutto ciò è abbastanza divertente. Non credere però che un simile lavoro su più colonne sia una cosa frequente in matematica; in forma così marcata è un caso pressoché unico. Del resto questo genere di lavoro mi si confà in modo particolare (è incredibile fino a che punto persone eminenti come Hasse e i suoi allievi, che per anni hanno fatto di questa materia l'oggetto delle loro più serie riflessioni, abbiano non solo trascurato ma addirittura rifiutato per partito preso la via di Riemann: al punto che non sanno più leggere i lavori redatti in riemanniano – Siegel[179] si faceva beffe di Hasse che gli aveva confessato di non essere in grado di leggere il mio *mémoire* di «Liouville» – e al punto che a volte hanno ritrovato con gran fatica, nel loro dialetto,[180] importanti risultati già noti, come quelli di Severi sull'anello delle corrispondenze, ritrovati da Deuring).[181] Ma il ruolo di ciò che chiamo analogie, per non essere sempre così reciso, non è meno importante. Nella sua tesi Lautman[182] ha visto qualcosa di questa idea; ma quasi tutte le analogie da lui studiate esistono solo nella sua immaginazione. Sarebbe di grande interesse studiare questo genere di cose relativamente a un periodo per il quale si fosse ben provvisti di testi: la scelta sarebbe delicata.

Basta così, penso. Ti compiango se leggerai tutto questo.

Fraternamente,

A.

P.S. Ti mando il tutto senza rileggere,[183] perché se rileggessi non lo manderei; pur avendo insinuato nella mia prosa qualche costrutto alla Gondi[184] per farti piacere, mi pare proprio di aver scritto in ostrogoto. Nonostante le tue smentite, continuo a sospettare che il tuo abate abbia un po' di sangue napoletano nelle vene. Del resto Galiani[185] (è di lui che parlavo) non era frivolo (benché amante delle burle) né scettico, e sicuramente non era di animo vile: la lettera da lui scritta sul letto di morte alla regina di Napoli, che gli ordinava molto banalmente di convertirsi e di pentirsi dei suoi peccati, è di una fermezza mirabile. Per altro, lo ripeto, Nietzsche è una garanzia, quantomeno secondo il mio parere, se non secondo il tuo.[186]

Nel grande sproloquio qui sopra temo di aver dato la sensazione di attribuire alle mie ricerche un'importanza che va al di là delle mie intenzioni. Il fatto è che per spiegare[187] (assecondando il tuo desiderio) come si sono orientate queste ricerche[188] sono stato costretto a insistere sulle lacune che ho voluto colmare. Nel parlare delle analogie fra numeri e funzioni non vorrei aver dato l'impressione di essere l'unico che le capisca: anche Artin vi ha profondamente riflettuto; il che è tutto dire. È curioso notare come un lavoro apparso due o tre anni fa (firmato da un allievo di Artin non altrimenti conosciuto, così che si deve presumere, fino a prova contraria, che ne sia autore Artin) costituisca forse l'unico esempio di un risultato di teoria classica ottenuto tramite *duplice* traduzione a partire da un risultato aritmetico (sulle funzioni ζ abeliane), e che è nuovo e interessante. E Hasse, il cui connubio di talento e pazienza finisce per conferirgli un'aria da genio,[189] ha avuto sull'argomento idee molto interessanti.[190] D'altronde tutto questo si diffonde molto più per tradizione orale o epistolare che tramite pubblicazioni ortodosse (un tratto caratteristico, e che a te deve riuscire simpatico, della scuola algebrica moderna); sicché è difficile restituirne dettagliatamente la storia.

Tu dubiti, e con qualche ragione, che le assiomatiche moderne siano lavoro su una materia dura. Quando ho inventato (dico proprio inventato, e non scoperto) gli spazi uniformi,[191] non avevo affatto l'impressione di lavorare su una materia dura; avevo piuttosto l'impressione che deve provare uno scultore di mestiere che si diverta a fare un pupazzo di neve. Forse non vedi però che le matematiche moderne hanno assunto non solo un'estensione ma anche una complessità tali che è diventato urgente – *se* la matematica deve continuare a esistere senza scindersi in una miriade di minuscoli spezzoni di ricerca – compiere un enorme lavoro di unificazione che assorba in alcune teorie semplici e generali tutto il sostrato comune alle diverse branche della scienza, sopprima le cose inutili e lasci intatto ciò che è veramente il dettaglio specifico di ogni grande problema. In questo risiede quanto di buono (e non è poco) può esserci nelle assiomatiche. Così come tutto il senso di Bourbaki.[192] Non ti sfuggirà del resto (per riprendere la metafora militare) che in tutto ciò vi sono grandi problemi di strategia. Ed è tanto comune conoscere la tattica quanto è raro (e bello, direbbe Gondi) intendersi di strategia. Paragonerò dunque (nonostante l'incoerenza delle metafore) questi grandi edifici assiomatici alle comunicazioni nelle retrovie: non si è mai riportata molta gloria nel corpo dell'intendenza né nel reparto salmerie, ma che cosa potremmo mai fare se delle brave persone non si dedicassero a simili mansioni subalterne (con le quali per altro si guadagnano benissimo e abbastanza agevolmente il sostentamento). Troppo grande è il rischio che i diversi fronti languiscano non per mancanza di viveri (il Conseil de la Recherche è lì per quello) ma perché s'ignorano a vicenda e perdono il proprio tempo, alcuni come gli Ebrei nel deserto, altri come Annibale a Capua. L'attuale organizzazione della scienza non tiene per niente conto (sciaguratamente per le scienze sperimentali; con molto meno danno per la matematica) del fatto che ci sono pochissimi uomini capaci di abbracciare[193] l'intero fronte di una scienza, capaci di cogliere non solo i punti deboli della resistenza, ma anche quelli che più importa espugnare, <capaci di esercitare> l'arte di ammassare le truppe, di far cooperare un certo settore al successo di un altro, ecc. Naturalmente quando parlo di truppe il vocabolo (almeno per il matematico) è essenzialmente metaforico, dato che ogni matematico ha solo in sé stesso le proprie truppe. Anche se per impulso di alcuni maestri certe «scuole» sono riuscite a conseguire successi notevoli, in matematica il ruolo dell'individuo rimane preponderante. Del resto, è divenuto impossibile applicare visioni di questo tipo alla scienza nel suo insieme; non può più esserci nessuno che sia in grado anche solo di padroneggiare la matematica e insieme la fisica quanto basta per regolare il loro corso alterno o simultaneo; ogni tentativo di «pianificazione» cade nel grottesco, e ci si deve affidare al caso e agli specialisti.

LETTERA 8

Rouen, 28 marzo 1940[194]

Mia cara sorella,
devo fare alcune osservazioni sulla teoria della matematica greca; in parte più tecniche, in parte di ordine generale.

Non dico che Menecmo non abbia inventato le *sezioni coniche* in quanto tali.[195] Dico che questa asserzione, a parer mio, non poggia al momento su nulla. L'espressione «sezioni coniche» e l'adozione di una terminologia che mette in risalto ciò che hanno in comune (essendo il passaggio dal segno – alla soppressione di λx^2 e al segno + nell'equazione $2px = y^2 - \lambda x^2$, in modo da ottenere $2px = y^2$, e $2px = y^2 + \lambda x^2$ rispettivamente, che è grossomodo, per quel che mi ricordo, il metodo di Apollonio) sono molto tarde; ebbene la terminologia è un indizio abbastanza certo di ciò che alcuni matematici hanno in mente. Il fatto che Menecmo abbia conosciuto soltanto l'iperbole *equilatera* (almeno manifestamente) è un'ulteriore indicazione. Bisogna proprio ignorare tutto delle scoperte matematiche per credere che un matematico debba necessariamente cogliere il legame fra due sue scoperte, anche se quel legame in seguito diventerà evidente. Inoltre cerchio, parabola, iperbole equilatera implicano appunto una proporzione a tre termini che si regge benissimo ($y^2 - x^2$, y^2, e $y^2 + x^2$ in termini analitici; per le sezioni del cono *retto rettangolo* – in cui l'angolo al vertice è retto –, ovvero le sezioni <che si ottengono tagliando il cono> mediante piano parallelo all'asse, piano perpendicolare all'asse, e piano bisettore di entrambi). Comunque, prima di poter dire che una siffatta ricostruzione è verosimile, occorrono delle prove. Non riusciresti a credere sino a che punto il matematico faccia le sue scoperte per vie sbilenche (se così posso dire), accorgendosi molto tempo dopo del modo in cui *sarebbe dovuto* pervenirvi; altre volte ad accorgersene non è lui, ma i suoi pronipoti.

Della tua ricostruzione delle scoperte di Pitagora sul triangolo rettangolo, quel che mi piace molto è che esclude qualsiasi ipotesi di dimostrazione da parte sua.

La figura 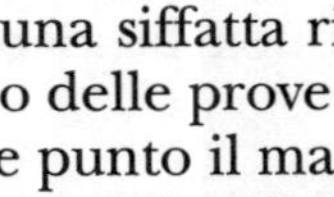 è di quelle le cui proprietà *si vedono* quasi tutte simultaneamente, quando abbiamo imparato a leggere quel tipo di caratteri. A volte mi sono divertito a immaginare un insegnamento della geometria elementare che ne ripercorresse un po' la storia così come me l'immagino, e più o meno seguendo questo schema: 1) si procederebbe *il più a lungo possibile* senza dimostrazione, ma con figure leggibili; allora le verità sarebbero tutte simultanee, anche se ovviamente le si apprenderebbero una alla volta; 2) si finirebbe così per raggiungere un grado di complessità tale che non solo la lettura di una figura non permetterebbe di rispondere a un quesito, ma ci si accorgerebbe necessariamente del rischio di cadere in errore, di scambiare l'accidentale con il necessario, di stabilire falsi rapporti, ecc.; si comincerebbero a fare dei ragionamenti; 3) dato che i punti di partenza di questi ragionamenti sono molteplici, si sentirebbe la necessità di accertarsi della loro coerenza ritornando molto indietro e riducendoli a un numero ristretto; da cui l'idea di assiomi, i quali sono in larga misura arbitrari: naturalmente non nel senso che siamo liberi di prendere come assioma una determinata proposizione o la sua negazione (non c'è posto per una simile idea in geometria elementare; e perfino quando capita che ci sentiamo liberi di scegliere, la scelta non è mai indifferente), ma nel senso che nella massa di fatti con cui si ha a che fare ci è dato di scegliere abbastanza liberamente quelli a partire dai quali saremo costretti a dimostrare gli altri (non ho mai potuto imparare la geometria nell'arco del primo *bachot* perché tutto mi pareva evidente, non ero in grado di compiere lo sforzo di memoria necessario a stabilire un ordine convenzionale in ciò che nella mia mente non ne aveva). Il fatto che questa scelta sia abbastanza libera non viene mai neppure suggerito nell'insegnamento; ritengo che se si procedesse come dico, non solo lo si potrebbe rendere evidente persino ai bambini, ma si agevolerebbe di molto la comprensione. Ci vorrebbe però una specie di genio per costruire un simile insegnamento. Potrei forse intraprenderlo una volta raggiunta l'età di novant'anni, se fossi sicuro che dopo averlo concluso mi resterebbero una decina d'anni di vita per meditare su altri argomenti. Altrimenti lo riserverò per un'altra esistenza.

Torniamo ai Greci. *Come* pensi che abbiano scoperto l'incommensurabile?[196] Mi pare di ricordare che al riguardo non si abbia nessun dato certo, e di aver visto da qualche parte un suggerimento ingegnoso, con una discesa infinita in cui la cosa si *vedeva* su un quadrato e la sua diagonale (corrispondente numericamente a questo: si ha $\frac{\sqrt{2}+1}{1} = \frac{1}{\sqrt{2}-1}$; ebbene, se $\frac{a}{b} = \frac{b}{c}$ e se a, b, c hanno una misura comune, allora lo stesso vale per tutte le lunghezze ottenute continuando la progressione verso il basso, il che è assurdo, giacché le lunghezze OB′, OC′, OB″, OC″, ecc. diventano piccole quanto si vuole).

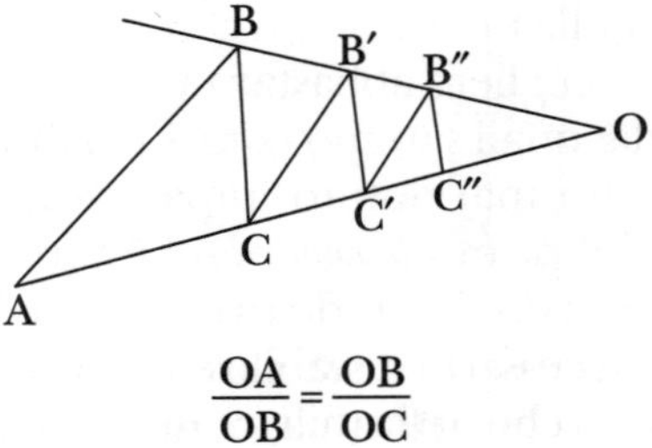

$$\frac{OA}{OB} = \frac{OB}{OC}$$

Non so più ricostruire la figura con il quadrato, che era molto semplice e graziosa. Si può anche proporre una dimostrazione fondata sul fatto che una misura comune al quadrato e alla sua diagonale dovrà figurare un numero pari di volte nella diagonale: ma questo è verosimile? L'ipotesi che anche nel caso di $\sqrt{2}$ i Greci abbiano cominciato con qualcosa di equivalente alla scomposizione in fattori primi è poco probabile; devono esserci arrivati a poco a poco (non è così che Teeteto, stando a Platone, dimostrava, credo, l'irrazionalità di $\sqrt{n}$ fino a $n = 17$?).[197] – Ad ogni modo non conosco nulla che contraddica l'idea (non ricordo più dove io l'abbia presa, ma non è farina del mio sacco) che la scoperta degli irrazionali avrebbe indotto le prime ricerche assiomatiche e le prime *dimostrazioni* in senso moderno.[198]

Quando chiedo se avessero la nozione di numero reale, intendo dire: non vedo nulla che abbia potuto assicurare loro che *qualsiasi* grandezza (con addizione, definizione di $=$, $>$ e $<$; e assioma di Archimede) sia misurabile con numeri reali, ossia che il *rapporto* fra due certe grandezze sia sempre *uguale* (nell'accezione di Eudosso) al rapporto fra due segmenti. Questo *si dimostra* (e anche molto semplicemente) una volta posto l'assioma che ogni successione di intervalli incapsulati:

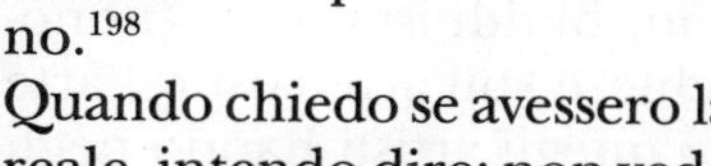

ha un punto in comune. Toeplitz[199] ha rinvenuto tracce di questo assioma, anche se riferibili, è vero, a un'epoca tarda (ma con indicazioni che le fanno risalire a molto tempo prima); ma questo è alquanto insufficiente. Non vedo, in particolare, che cosa avrebbe potuto autorizzarli a credere che π sia il rapporto fra due segmenti. Come dici tu, il problema di Delo indica piuttosto una posizione contraria.[200]

Se non vi è traccia di dramma nella storia della matematica greca, è anche un po' perché i matematici non sono per niente drammatici (una volta ho molto provocato Artin sostenendo che la matematica non può essere un'arte *poiché* nessun matematico è diventato pazzo).[201] Da quel che mi sembra, Eudosso deve essere stato il primo matematico nella storia greca. Hai un bel dire che è un seguace del pitagorismo, ma non posso pensare che questo importi molto. Non ho mai creduto che in scultura o in pittura importasse molto che l'artista fosse cristiano, buddhista, ecc. (nonostante tutte le chiacchiere sull'arte così e l'arte cosà): i problemi che quegli artisti hanno negli occhi e nelle dita sono di un'importanza e di una difficoltà tali che sicuramente non hanno il tempo di considerare altro, e sono obbligati, credo, ad accontentarsi semplicemente di qualsiasi dottrina che hanno avuto la ventura di ricevere; forse non farei eccezione neppure per la pittura cinese dei Sung (mi riferisco a quella fra X e XII secolo: non sono mai stato sicuro di tenere a mente i nomi delle dinastie), la sola per la quale io abbia dei dubbi. Ad ogni modo sono abbastanza convinto della veridicità di questo principio per i matematici, anche greci. Ciò non vale naturalmente per uomini come Talete o Pitagora.

D'altro canto trovo molto seducenti, e nel contempo abbastanza verosimili, le tue idee sul ruolo della *proporzione* nella storia del pensiero greco. Questo conferma un po', mi sembra, che vi è stato un dramma nella vicenda degli incommensurabili. La proporzione è ciò che si *nomina*; il fatto che vi siano rapporti che non sono nominabili (e nominabile è un rapporto fra numeri interi), che vi siano stati dei λόγοι ἄλογοι,[202] l'espressione stessa è tanto sconvolgente che non posso credere che in un'epoca così drammatica nella sua essenza, e che ha conosciuto e provato a tal punto l'angoscia, un fatto così straordinario abbia potuto essere preso per una semplice scoperta scientifica come, ad esempio, la trascendenza di e e di π. Se i Greci si sono applicati così disperatamente alla proporzione (e dandole un nome così straordinario) non è, forse, senza una ragione. Mi pare che a te Nietzsche non piaccia molto (forse ti sei accostata a lui attraverso *Zarathustra*, cosa che è un errore); eppure ha meditato più di ogni altro sul pensiero greco arcaico, e sono convinto che non tratteresti con leggerezza un'opera così potente come *La nascita della tragedia* (ci sono anche alcuni frammenti di un lavoro che ha intrapreso sui filosofi «presocratici»;[203] a dire il vero non risale molto in là nel tempo; i suoi prediletti erano Eraclito fra i Greci e Hölderlin fra i moderni). Se si considerano le cose in quest'ottica, quel che dici sulla proporzione suggerisce che agli inizi del pensiero greco si sia avuto un sentimento della *sproporzione* fra il pensiero e il mondo (e, come dici tu, fra l'uomo e Dio) di un'intensità tale che hanno avuto bisogno di gettare a ogni costo un ponte al di sopra di quell'abisso. Che abbiano pensato di trovare quel ponte (e solido, e incrollabile) nella matematica non è minimamente credibile. O almeno può essere stato vero per certe scuole; lo spirito di Eschilo, che era stato iniziato ai misteri di Eleusi, mi sembra abbastanza diverso. Ma si sa che con l'espediente dell'esoterismo si spiega tutto ciò che si vuole... Gli Indù invece hanno cercato in tutt'altra direzione: dire che l'uomo è identico a Dio, all'universo, ecc. dispensa evidentemente dal costruire un ponte.

Mi domando tuttavia se per Platone (nel quale, mi pare, non c'è la minima traccia di angoscia, e forse per questo Nietzsche lo odiava tanto) la frase «nessuno entri qui...»[204] non sia da interpretare, molto più piattamente, nel senso che la matematica è «una ginnastica della mente»: queste parole, che in noi evocano solo idee di una scoraggiante banalità, potevano avere un significato forte per chi vedeva nella ginnastica ben altro, rispetto a noi. Del resto tutto ciò non sarebbe che una sorta di trasposizione, su un piano più banale (com'è opportuno quando si tratta di quell'epoca) e più secolare, della tua ipotesi sulla proporzione come procedimento di purificazione, se con ciò intendi (come presumo) un procedimento, un mezzo in certo qual modo ausiliario.[205] Ma vorrei sapere in maniera un po' più precisa: un mezzo in vista di che cosa? Vi è traccia, in epoca arcaica, di pratiche ed esercizi mistici? Il termine «mistica» (che prendo nella sua accezione moderna) è del resto estremamente impreciso; abbraccia tutto, dall'estasi erotica alla maniera di santa Teresa (che comunque ammiro molto) o dei sufi e di certe scuole indù (ho sentito dire che questa tendenza in India non è indigena ma tarda, e di derivazione sufica) fino al raccoglimento nella meditazione in ogni sua forma. E da dove viene questo significato del termine «mistica»? Forse dai misteri, ma di epoca molto tarda (gli gnostici?); e a partire da Alessandro le porte erano spalancate a tutte le correnti provenienti dall'India.[206]

A proposito, lo sai che l'aneddoto che porta a compimento *La Recherche de l'Absolu* è autentico? L'assoluto fu venduto a un banchiere polacco per davvero, e per una somma ingente, dal filosofo, matematico e soprattutto ciarlatano H. Wronski.[207] Il banchiere rimpianse di aver dato il suo denaro e intentò un processo per truffa; ma in tribunale Wronski riuscì a fargli riconoscere di avere realmente avuto in suo possesso l'assoluto per cinque minuti, e quella confessione fece perdere al banchiere il processo.

Non arrovellarti sulla pittura Sung; è bellissima, ma non credo che si possa studiare a Parigi, e nemmeno in Europa; è possibile farsene un'idea a Boston, e questo vale il viaggio. Il suo soggetto è essenzialmente l'unione fra uomo e natura, secondo la concezione dello Zen (la scuola cinese di meditazione buddhista), a volte in uno spirito un po' francescano. Per questo in un paesaggio cinese c'è *sempre* almeno un personaggio (anche se a volte impercettibilmente piccolo, e a volte, credo, animale).[208]

Fraternamente,

A.

LETTERA 9

<*Primo abbozzo di risposta*>[209]

Mio caro fratello,
la mia idea, sulla scoperta degli incommensurabili, è che i Greci abbiano cominciato con lo scoprire non già che la diagonale del quadrato è incommensurabile, ma che fra due numeri di cui uno è il doppio dell'altro non c'è media proporzionale. Come indizi storici, conosco solo due testi. Uno, di Platone, nel *Menone*, dove Socrate, per provare che ogni anima – compresa quella degli schiavi – proviene dal « cielo intelligibile »,[210] interroga uno schiavo sulla duplicazione del quadrato, e gli fa trovare (con domande ben ponderate) che il doppio di un quadrato si ottiene prendendo la diagonale come lato.[211] Nient'altro; ma la scelta del problema (duplicazione del quadrato) suggerisce che sia legato a una conoscenza che attesta in modo eminente l'origine divina dell'intelligenza umana; e quale sarebbe, questa conoscenza, se non quella degli incommensurabili? L'altro testo è di Aristotele;[212] dice che l'incommensurabilità della diagonale si dimostra per assurdo: perché se la diagonale fosse commensurabile,[213] il pari sarebbe uguale al dispari. Il numero pari e nel contempo dispari è chiaramente quello che misura la diagonale. Siccome i pitagorici (autori della scoperta) davano il nome di aritmetica allo studio del pari e del dispari, non è affatto inverosimile, anzi, che quella dimostrazione sia loro. Cercando una media proporzionale fra un numero e il suo doppio è possibile che si siano chiesti,

prima di trovarla, se fosse pari o dispari; e abbiano visto che necessariamente è al tempo stesso l'uno e l'altro; e ne abbiano concluso che non esiste. Tu non ignori che facevano ricerche di aritmetica (hanno dimostrato che qualsiasi numero intero quadrato è la somma degli n numeri primi dispari). Un simile percorso mi pare estremamente naturale. Quanto alla ragione per cui si sono interessati alla media proporzionale fra un numero e il suo doppio, penso che ciò dipendesse dall'interesse che nutrivano per le serie. La media aritmetica e la media armonica fra un numero e il suo doppio sono menzionate come qualcosa di mirabile in un passo dell'*Epinomide* (apocrifo di Platone) che sembra ispirarsi a loro.[214] Il passo del *Menone*[215] e la storia di Delo[216] suggeriscono che quella ricerca può aver assunto la forma del problema della duplicazione del quadrato.[217]

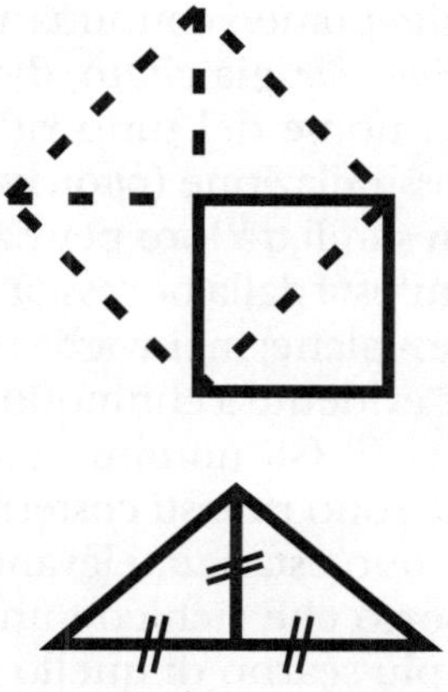

<Riproduzione di due figure a margine tracciate sul manoscritto>

Rappresentare la media proporzionale in questione tramite la diagonale del quadrato doveva venire subito in mente, sia notando che il quadrato costruito sulla diagonale è doppio sia per la proprietà del cateto del triangolo rettangolo, che è medio proporzionale fra l'ipotenusa e il segmento determinato sull'ipotenusa dall'altezza.[218] Quando dico che non c'è stato dramma degli incommensurabili, non voglio dire che i Greci non siano stati sconvolti dall'emozione per quella scoperta. So che lo sono stati; se ne vede traccia dappertutto. (Fra parentesi, il fatto che la trascendenza di *e* e di π abbia lasciato la gente indifferente significa che noi siamo abbrutiti).[219] Ma penso che quella emozione sia stata gioia, e non angoscia. Come puoi vedere da quel che precede, penso che siano stati non già stupiti che vi fossero rapporti non definibili dai numeri, quanto intensamente felici nel vedere che anche ciò che non si definisce tramite numeri continua a essere un rapporto.[220] L'*Epinomide*, già citato, dice: «... ciò che si chiama, con nome del tutto ridicolo, geometria, e che è l'assimilazione (ὁμοίωσις) dei numeri (ἀριθμῶν) non simili tra loro per natura, assimilazione resa manifesta dalla necessità (? μοῖραν) delle cose <figure> piane; meraviglia non umana ma divina, come è evidente a chiunque sia in grado di comprenderla».[221] Gli uomini di second'ordine probabilmente sono rimasti costernati; gli altri sicuramente si sono estasiati, elevandosi a una nozione di rapporto che richiede un esercizio dell'intelligenza più scarno di quello sollecitato dal rapporto numerico.

La scoperta degli incommensurabili esige soltanto il

ragionamento comprovante che se $n/m = m/2n$, m è pari e dispari, e l'applicazione al mezzo quadrato delle proprietà del triangolo rettangolo.[222] L'uno e l'altra erano alla portata di Pitagora. Penso che questa scoperta, lungi dal portare scompiglio nella dottrina del « tutto è numero »,[223] ne sia la spiegazione. Giacché dire che tutto è numero, in senso letterale, è una lampante stupidaggine. Perché non tutto è numero. Ma se in un dato caso si è scoperto che anche ciò che non è numero continua nondimeno a essere in certo senso numero, si può dire allora che tutto è numero – ossia rapporto. Probabilmente i pitagorici erano felici di trovare rapporti numerici, per esempio, nei suoni. Ma avrebbero dovuto essere imbecilli per credere di poterne trovare *dappertutto.*

Quello che dico naturalmente presuppone che abbiano avuto un'idea chiara dei rapporti irrazionali. Ma se per questo si fosse dovuto attendere Eudosso,[224] allora la filosofia di Platone non sarebbe comprensibile. Segnalandoti che Eudosso era allievo di un geometra pitagorico, volevo suggerire che potrebbe avere ereditato, e non scoperto, una parte di quanto gli si attribuisce. Ha trovato il cosiddetto assioma di Archimede; cosa già abbastanza bella; non posso credere che abbia trovato la nozione di numero reale; perché altrimenti, fino a lui, l'incommensurabilità della diagonale sarebbe stata uno scandalo, e non ci si sarebbe compiaciuti nel considerarla come l'esempio per antonomasia di una verità colta dall'intelligenza pura.[225] La maniera in cui Platone e Aristotele vi alludono mostra che in quegli ambienti era l'esempio classico. Eudosso è contemporaneo

di Platone; a rigore si potrebbe ipotizzare che Platone abbia modificato la propria filosofia in seguito alla sua scoperta; ma allora Aristotele non direbbe che Platone non ha cambiato altro che una parola alla dottrina dei pitagorici.[226]
Ad ogni modo penso che gli incommensurabili abbiano dato ai Greci l'idea d'intelligibile puro, ossia, detto in maniera più precisa, che abbiano loro procurato verità che esigono, perché le si colga, una separazione fra intelligenza e uso dei sensi più netta di quella richiesta dalle proposizioni relative ai numeri; per questo sono sembrati loro un dono degli dèi.
Non posso ammettere interpretazioni catastrofiche del pensiero greco o della sua storia. Non è che io tratti con leggerezza *La nascita della tragedia*; solo che questo libro mi risulta spessissimo odioso. Non posso sopportare Nietzsche; mi esaspera, persino quando esprime cose che penso. Preferisco concedere che è un grand'uomo sulla scorta della sua reputazione, piuttosto che andare a verificare. Per quale motivo dovrei accostarmi a ciò che mi fa male? Ma su Dioniso si è completamente sbagliato; perché non ha tenuto conto di quanto dice Erodoto (il quale sapeva di cosa parlava), e cioè che Dioniso è Osiride?[227] Entrambi rappresentano dunque il Dio che bisogna «imitare» (come dice Platone) affinché l'anima sia salvata; esattamente al pari del Cristo. Ma dilungarsi su questo richiederebbe troppo tempo.
Non posso ammettere che si dica che i Greci si sono applicati «disperatamente» alla proporzione (andava bene per Nietzsche applicarsi «disperatamente», perché sentiva che stava per diventare

pazzo), o che abbiano avuto un sentimento così intenso della sproporzione fra l'uomo e Dio.[228] Tutti gli uomini hanno il sentimento di una distanza infinita e al tempo stesso di un'unità assoluta fra l'uomo e Dio; questi due sentimenti contraddittori si combinano ovunque con infinite sfumature. Nei Greci l'angoscia e la disperazione erano estranee al sentimento del loro rapporto con il mondo, giacché essi preservavano sempre il senso della felicità. In uomini come Nietzsche – che sotto l'appellativo di uomo dionisiaco descrive sé stesso; come poteva quindi vedere giusto? Perché se avesse visto giusto, la Grecia sarebbe sprofondata come lui nella follia – l'idea di felicità non evoca niente; la catastrofe e lo squilibrio li attirano; hanno bisogno di annientarsi. I Greci avevano una concezione dolorosa della vita, poiché sapevano che la necessità schiaccia l'uomo; ma sapevano pure che l'uomo è schiacciato da forze esterne, e che in lui risiede un principio di felicità. Concepivano la felicità come equilibrio; equilibrio fra le parti dell'anima, equilibrio fra gli uomini, equilibrio fra il pensiero e il mondo. L'affinità fra geometria e giustizia, l'idea che il mondo è costituito da un'armonia, così come l'anima quando è ciò che deve essere, sono considerate da Platone come il tesoro di un'antica sapienza.[229]

Non è facile concepire ed esprimere in che cosa sia esattamente consistito il ruolo della proporzione. Per quanto riguarda l'arte, la proporzione permette al pensiero di cogliere e di ordinare in un sol colpo la diversità. Quando si fa uso della proporzione assennatamente – vale a dire in modo da lasciar sussistere il sentimento della diversi-

tà – il pensiero si trova nella situazione più felice, che consiste nel sentirsi a casa propria in mezzo alla materia. Si potrebbe definire lo scopo dell'arte il condurre l'anima a sentirsi a casa propria nel luogo del suo esilio. Ma gli oggetti fabbricati non bastano; il pensiero desidera poter percepire il mondo stesso come un'opera d'arte; si tratta quindi non più di stabilire, ma di trovare delle proporzioni. Quante più se ne percepiscono, tanto più l'universo diventa il contrario di un incubo.[230] La purificazione consiste nel fatto che l'ordine dell'universo diventa oggetto d'amore (è la concezione degli stoici;[231] penso che non abbiano inventato nulla) e che il pensiero di un uomo, condannato a subire quasi tutto, diventa in una certa maniera l'autore stesso dell'universo. Non si può ammirare un'opera d'arte senza credersene in qualche modo l'autore; ammirare l'universo come un'opera d'arte equivale ad assimilarsi in qualche modo a Dio. Le matematiche sono utili a questo scopo in quanto scienza della natura.[232] Appare chiaro che ritrovare alcuni rapporti semplici in apparenze mutevoli e diverse, in cui l'uomo si smarrisce, procura una felicità di questo genere. Un rapporto che si presenta identico in cose diverse è la nozione stessa di proporzione.
Non appena si parla di imitazione di Dio,[233] la mistica è vicina. Benché il termine sia vago, penso che potremmo generalmente essere d'accordo nell'applicarlo a certi passi di Platone.[234] D'altronde il ruolo da lui assegnato all'amore (che coincide con quello assegnato alla matematica in altri dialoghi!) sembra, a questo riguardo, significativo. Del resto, quando dice, facendo l'elogio

della μανία suscitata dagli dèi, che Dioniso ispira la μανία dei misteri, questo sembra indicare alcune pratiche mistiche da parte degli iniziati.[235] Per lo meno non vedo altra interpretazione possibile. Perché non si tratta certamente di stati di semidelirio; può solo trattarsi di estasi.
Non mi sorprenderebbe se l'uso attuale del termine mistica derivasse dai primi autori cristiani, alcuni dei quali, pur polemici verso i misteri, amavano rappresentare il cristianesimo come il « vero mistero ».
A proposito dei misteri, non si può stabilire una differenza fra lo spirito di Eschilo e quello degli altri Greci in virtù della sua iniziazione a Eleusi;[236] perché tutti (quelli che contavano) erano praticamente nella stessa situazione. Platone fa citare da Socrate una formula misterica. Sul fatto che Platone e Pitagora si siano strettamente ispirati ai misteri sembra non esserci dubbio. Anche Erodoto, Sofocle erano iniziati, ecc.[237]
Nel *Filebo*[238] c'è un enunciato assai singolare: « Da quel che mi sembra, è un dono[239] degli dèi agli uomini, che è caduto dalla dimora degli dèi, grazie a un Prometeo, insieme a un luminosissimo fuoco; e gli antichi (παλαιοί), che valevano più di noi e abitavano più vicino agli dèi, ci hanno trasmesso questo oracolo; ovvero che tutte le cose che diciamo essere sempre sono composte dell'uno e del molteplice e hanno il limite e l'illimitato <come proprietà> inerenti (ξύμφυτον). Dobbiamo quindi, poiché le cose sono così ordinate, porre una sola idea alla volta per qualsiasi investigazione relativa a un qualunque soggetto; la troveremo, perché c'è; quando l'avremo colta, dopo una

sola <occorre> esaminarne due, se ve ne sono due, oppure tre o qualsivoglia altro numero, e parimenti per ciascuna di esse, finché di quella cosa, che dapprima era una, si veda non solo che è una e molteplice e illimitata, ma anche qual è il suo numero; non bisogna applicare alla moltitudine l'idea d'illimitato prima di aver perfettamente visto <che> il <suo> numero <è> intermedio fra l'illimitato e l'uno» (così il grave, l'acuto, gli intervalli, ecc. sono nozioni intermedie fra il suono e la varietà illimitata dei suoni). In questo passo riecheggia il pitagorismo (Filolao dice che tutto è un tessuto di limitato e di illimitato),[240] ma gli «antichi» non potevano certo essere i pitagorici, visto che appena un secolo separa Platone da Pitagora. Mi sembra che quel «dono degli dèi» tramandato dagli «antichi» non possa essere altro che un'allusione all'orfismo.[241] O agli Egizi? (a causa di «abitavano più vicino agli dèi»). O forse all'uno e agli altri. In ogni caso, nei misteri doveva esserci qualcosa intorno all'uno, al molteplice e all'illimitato.
Credo di buon grado che per molti scultori e pittori sia indifferente avere tale o talaltra concezione del mondo; e sono, penso, quelli che non m'interessano. Ma mi pare difficile sostenere che l'ammirazione di Giotto per san Francesco non abbia avuto rapporto con la sua arte – o, riguardo a Leonardo, le concezioni platoniche – o, riguardo alle cattedrali, il cattolicesimo.[242] Certo, non credo che gli artisti si distolgano dai problemi che hanno negli occhi e nelle dita per darsi a speculazioni astratte (sebbene possa anche capitare), ma penso che i problemi che hanno negli occhi e nelle dita dipendano dalla concezione della vita u-

mana e del mondo che fanno propria. Questo si applica solo agli artisti di primissimo ordine. In generale penso che negli uomini di primissimo ordine nessuna attività sia senza intimi legami con tutte le altre. Naturalmente l'etichetta che a volte si lasciano incollare addosso a causa dell'epoca e del contesto in cui vivono può essere irrilevante; un'etichetta non è una dottrina. È chiaro che il mistero della grandissima arte è il fatto che la dottrina dell'artista penetra nelle sue mani. E altrettanto direi per la scienza. Ma i grandissimi uomini (si può divergere anche sulla classificazione) sono pochi, e riguardo a tutti gli altri quello che dici tu è assolutamente giusto. Nota per inciso che la maggior parte delle dottrine sono equivalenti riguardo a ciò che hanno di essenziale, e quindi le differenze fra l'una e l'altra spesso non sono là dove si crede di ravvisarne.
La tua provocazione con Artin è orribile![243] L'idea che l'arte sia qualcosa che rende pazzi o che si addice ai pazzi è una delle peggiori empietà che si possano pronunciare. Ti consiglio, dopo questo, di non invocare mai le Muse, e mi rallegro al pensiero che, lì dove sei, non ci siano cicale che vadano a riferirglielo.[244]
Della tua lettera di sedici pagine (che ho letto più volte) non ho capito niente.[245] Quindi non mi ripudierai per lautmanismo.[246] Ciò nonostante, ne ho estratto il succo ad uso di gente che presto s'interesserà a te.[247] Inviami ancora cose simili se ti viene l'ispirazione; mi piacciono molto.
Fraternamente,

Simone

LETTERA 10

< *Secondo abbozzo di risposta* >[248]

Mio caro fratello,

la scoperta degli incommensurabili implica due distinte scoperte: 1) che ci sono operazioni sulle cifre che non comportano risultati in numeri razionali; 2) che, in compenso, a questi risultati impossibili da trovare corrispondono segmenti. In genere la cosa è presentata in ordine inverso; si suppone che anzitutto si sia trovato che la diagonale del quadrato è $\sqrt{2}$, e che poi si sia cercato $\sqrt{2}$; o ad ogni modo che nel cercare una misura comune a dei segmenti ci si sia accorti che in certi casi la misura non esiste. La supposizione che l'aspetto geometrico di questa nozione sia stato studiato prima dell'aspetto aritmetico è arbitraria e del tutto inverosimile; perché i numeri sono stati studiati molto tempo prima delle linee. I Babilonesi hanno dovuto necessariamente accorgersi che i loro metodi algebrici conducevano a una soluzione solo nel caso in cui i dati venivano opportunamente scelti – così sceglievano i dati a partire dalla soluzione. Che cosa avranno pensato degli altri casi? Non siamo in grado di sapere se si siano sentiti bloccati da un'eccessiva complicazione nei calcoli oppure da un'impossibilità.

Ma per i pitagorici o i prepitagorici la cosa è molto più chiara. Dal momento che studiavano le proporzioni numeriche e tutti i tipi di medie fra numeri, hanno finito per cercare la media geometrica fra un numero e il suo doppio, così come hanno fatto per la media armonica e la media a-

ritmetica. (Forse hanno dato a questo problema la forma della duplicazione del quadrato; lo suggerisce, per analogia, il problema di Delo).[249] La media geometrica fra un numero e il suo doppio dovette sembrar loro difficile da trovare in numeri razionali. Ma chiamavano l'aritmetica «scienza del pari e del dispari», il che suggerisce che dovevano chiedersi se un numero formato in un determinato modo fosse pari o dispari.
Si può quindi supporre che si siano posti la stessa domanda per la media proporzionale fra un numero e il suo doppio, quando questa è un numero intero. Era facile per loro dimostrare che questa media è pari e insieme è dispari; basta sapere che solo il quadrato di un numero pari può essere pari, cosa pressoché immediata, in particolare se si rappresenta un numero quadrato con dei punti. Quindi una simile media (in numeri interi) non esiste mai. Ed è facile desumerne che non esiste mai nemmeno in forma di frazione.
Aristotele dice che l'incommensurabilità della diagonale si dimostra per assurdo: se fosse commensurabile, il pari sarebbe uguale al dispari. È il testo più antico sulla questione.[250]
Sapere che $\sqrt{n \cdot 2n}$ non esiste può essere stato angosciante. Ma nulla impedisce che Pitagora lo abbia saputo prima di concepire la sua dottrina. Immaginiamo che sia andata così; in questo caso, la scoperta della diagonale del quadrato sarebbe stata tale da sconvolgere non per l'angoscia, ma per la gioia. Anzitutto perché un rapporto numerico che non può essere espresso in numeri nondimeno esiste, definito da quantità perfettamente determinate. Poi perché questo rapporto, per

esser colto in quanto tale, esige un esercizio dell'intelligenza che rispetto a quello richiesto da qualsivoglia relazione fra numeri è molto più puro e privo di qualsiasi soccorso dei sensi.

Certo, un simile shock, una simile gioia possono aver condotto alla formula « tutto è numero », *id est*: in tutte le cose, nessuna eccettuata, vi sono rapporti *analoghi* ai rapporti fra numeri. Perché altrimenti quella formula sarebbe insensata, visto che non tutto è numero.

Penso che sia andata così. La scoperta degli incommensurabili ha infatti avuto un'immensa ripercussione; lo si percepisce dal numero e dal tipo di allusioni che vi si riferiscono. È citata di continuo come un esempio significativo. Ma se quella ripercussione fosse stata dolorosa, lo si percepirebbe nelle allusioni. Ebbene, si percepisce invece il contrario. Così nel *Menone*, per provare che tutte le anime provengono dal « cielo intelligibile » e « si rammemorano », Socrate interroga uno schiavo sulla duplicazione del quadrato.[251] Questo problema è dunque legato a una conoscenza che attesta in modo eminente l'origine divina dell'anima. L'*Epinomide* (apocrifo di Platone) dice: « Ciò che si chiama con un nome del tutto ridicolo geometria, e che è l'assimilazione (ὁμοίωσις) dei numeri (ἀριθμῶν) non simili tra loro per natura (φύσει), assimilazione resa manifesta dalla natura (πρὸς μοῖραν) delle cose <figure> piane; meraviglia non umana, ma divina, come è evidente a chiunque sia in grado di comprenderla ».[252]

Questo passo, a mio avviso, definisce la geometria come scienza del numero reale. Non vedo altra interpretazione.

Platone mette gli incommensurabili anche all'inizio del *Teeteto*, il dialogo che concerne *il sapere*.[253]
È possibile che Talete abbia avuto una conoscenza intuitiva del suo teorema rappresentando su un piano l'immagine delle proporzioni numeriche:

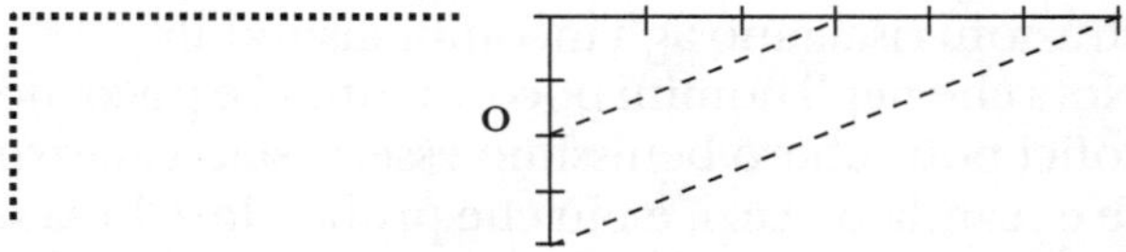

Se Pitagora, come suppongo, ha costruito un triangolo rettangolo con due triangoli simili per formare delle medie proporzionali, se ha ottenuto così ciò che sapeva di non poter ottenere in numeri, una media proporzionale tra un numero e il suo doppio – allora si immagina benissimo il tono di esaltazione che caratterizza qualsiasi evocazione della geometria e, segnatamente, degli incommensurabili. Trovare nei numeri rapporti che permettono di conoscere in anticipo i caratteri (pari, dispari, quadrato, ecc.) di numeri che non abbiamo formato noi – trovare rapporti non numerici esatti quanto i rapporti fra i numeri – ecco due cose inebrianti.
Queste supposizioni implicano naturalmente che la nozione di proporzione quale compare nel quinto libro di Euclide sarebbe di molto anteriore a Eudosso. È quello che volevo suggerire segnalando l'origine pitagorica di Eudosso. Senza una simile teoria la filosofia di Platone sarebbe incomprensibile. Eudosso era suo contemporaneo; ma nessuna tradizione, nessuna *internal evidence* (mi sembra) indica che Platone abbia ricevuto nel

corso della sua vita una rivelazione da un contemporaneo. Avrebbe forse messo in bocca a Socrate l'allusione, che ti ho ricordato, alla diagonale del quadrato se questa fosse stata, al tempo di Socrate, oggetto di scandalo?

In compenso credo di buon grado che le dimostrazioni risalgano agli incommensurabili.

Nota che negli uomini poco scientifici e poco filosofici potrebbero benissimo esserci stati catastrofe e scandalo. Anzi, è più che probabile. Chi sa se la dimostrazione sul pari uguale al dispari non sia stata il modello per le dimostrazioni comprovanti una tesi e il suo contrario (fondamento della sofistica) che proliferarono nel V secolo e demoralizzarono Atene?

Su Nietzsche ancora non ci intendiamo. Non m'ispira un'inclinazione a trattarlo con leggerezza; solo una repulsione invincibile e quasi fisica. Persino quando esprime cose che penso, mi è letteralmente intollerabile. Preferisco credere sulla parola che sia un grand'uomo piuttosto che andare a verificare; perché dovrei accostarmi a ciò che mi fa male? Ma non vedo in che modo un amante della sapienza che ha fatto la sua fine possa essere considerato un uomo compiuto. Pur ammettendo che nel suo caso abbiano giocato dei fattori fisici, agli sventurati si addice un po' di umiltà, non un orgoglio smisurato. Se la sventura suscita l'orgoglio come una sorta di compensazione, allora abbiamo un fenomeno che merita la pietà, non la stima, e tanto meno l'ammirazione.

E soprattutto, come si fa ad ammettere che possa aver capito qualcosa della Grecia? (Tanto per cominciare, riporre le speranze in Wagner per risu-

scitarla!...). Sotto l'appellativo di uomo dionisiaco ha ovviamente descritto sé stesso; ma se avesse visto giusto, la Grecia sarebbe sprofondata come lui.
Si è completamente sbagliato su Dioniso – per non parlare dell'opposizione con Apollo, che è pura fantasia, perché i Greci nei loro miti li mescolavano, e sembra che a volte li identificassero.[254]
Perché non ha tenuto conto di quanto dice Erodoto – il quale sapeva quello che diceva –, e cioè che Dioniso è Osiride?[255] Da allora è il Dio che l'uomo deve imitare per salvare la sua anima, il Dio che si è congiunto all'uomo nella sofferenza e nella morte, e al quale l'uomo può e deve congiungersi nella perfezione e nella felicità. Esattamente come il Cristo.
La dismisura, l'ebbrezza cosmica e Wagner non hanno niente a che vedere con tutto questo.
Non posso accettare interpretazioni catastrofiche della Grecia e della sua storia, né che si dica che i Greci si applicavano «disperatamente» alla proporzione e avevano un intenso sentimento della sproporzione fra l'uomo e Dio. (Non erano Ebrei!). Certo, avevano una concezione dolorosa dell'esistenza, come chiunque abbia gli occhi aperti; ma il loro dolore aveva uno scopo; aveva un senso *in rapporto* alla felicità per la quale l'uomo è fatto, e di cui lo privano le dure costrizioni di questo mondo. Non avevano alcuna propensione per la sventura, la catastrofe, lo squilibrio. Invece in tanti moderni (specialmente Nietzsche, credo) c'è una tristezza legata alla privazione del senso stesso della felicità; hanno bisogno di annientarsi. Nei Greci, a mio avviso, non c'è alcuna angoscia. È questo a

rendermeli cari. Mai, lottando contro l'angoscia, si produce serenità; la lotta contro l'angoscia non produce altro che nuove forme di angoscia. I Greci avevano la grazia fin dall'origine.[256]
Per rispondere alla domanda riguardo al misticismo in Grecia, bisogna che c'intendiamo. Vi sono individui che hanno semplicemente degli stati di estasi; ve ne sono altri che di quegli stati fanno un oggetto pressoché esclusivo di studio, li descrivono, li classificano, li provocano nella misura del possibile. In genere sono i secondi a essere chiamati mistici; per questo san Francesco non è considerato tale, credo. La mistica nella seconda accezione si è introdotta nella civiltà ellenica con gli gnostici e i neoplatonici – forse, come supponi, non senza l'influenza dei «gimnosofisti».[257] È possibile che in epoca arcaica i Greci si siano astenuti volontariamente da questo genere di studi, considerando che ci sono cose che non si devono formulare, ed estendendo il segreto, per certune, anche al dialogo dell'anima con sé stessa. In questo caso, fra parentesi, secondo me avrebbero avuto perfettamente ragione; ammiro santa Teresa, ma se non avesse scritto nulla avrebbe meritato, a mio avviso, un'ammirazione ancora maggiore. Quanto al fatto, invece, di avere stati di estasi e di attribuirvi un grande valore, non possono esserci dubbi a questo riguardo. Gli scritti di Platone lo attestano a sufficienza. (Del resto il ruolo da lui attribuito all'amore è abbastanza significativo). E quando, facendo l'elogio della μανία suscitata dagli dèi, dice che Dioniso ispira la μανία dei misteri, non vedo come interpretare questo passo senza supporre stati estati-

ci.[258] Perché non può trattarsi di stati di semidelirio collettivo. Quando riti combinati a istruzioni si accompagnano a stati estatici, ciò implica, mi sembra, pratiche mistiche.

A questo proposito, non si può separare Eschilo dal resto del pensiero greco per il fatto che è stato iniziato a Eleusi; perché capitava praticamente a tutti. Diogene il Cinico non lo fu; ma questo rientrava nel suo cinismo. È appunto un segno che tutti lo erano. Parlo di quelli che contavano.

Nel *Filebo* c'è un passo assai singolare. « È un dono degli dèi agli uomini, mi sembra, caduto dal cielo, grazie a un Prometeo, insieme a un luminosissimo fuoco; e gli antichi (παλαιοί), che valevano più di noi e abitavano più vicino agli dèi, ci hanno trasmesso questo oracolo; ovvero che tutte le cose che diciamo essere sempre sono composte dell'uno e del molteplice e hanno come <proprietà> "il limite e l'illimitato" ».[259] (Il seguito spiega che in ogni soggetto di ricerca bisogna cogliere l'idea unica che lo domina, poi passare al « molteplice », vale a dire porre un certo numero di idee che permettano di qualificare e ordinare tutte le cose abbracciate da questa idea unica; una volta compiuto questo lavoro, e solo allora, passare alla illimitata diversità delle cose in questione. Es. 1) il suono; 2) il grave e l'acuto, gli intervalli, ecc.; 3) i suoni. Platone dice che i moderni non sanno servirsi di tale metodo). In questo passo riecheggia il pitagorismo; ma i pitagorici erano troppo recenti per essere quei παλαιοί. Si tratta quindi o degli abitanti preellenici della Grecia, o di un paese straniero, forse l'Egitto. Ma il tono (dèi, Prometeo, oracolo, ecc.) suggerisce una trasmissione religiosa. Potrebbe trattarsi dell'orfismo; forse, di conseguenza, della dottrina dei misteri. In ogni caso nel passo abbiamo la prova (non rilevata da nessuno, per quanto ne so) che ciò che costituisce la parte ai nostri occhi più originale delle dottrine pitagorica e platonica è di origine antichissima. La concezione del numero come qualcosa che forma una sorta di media fra l'unità (che è la peculiarità del pensiero) e la quantità illimitata (ἄπειρον) data nell'oggetto è immensamente luminosa.[260] Il senso indicato (uno → molteplice → illimitato) esclude completamente ciò che chiamiamo induzione e generalizzazione. È degno di nota che la scienza greca si sia attenuta con scrupolo a questo metodo.

Parimenti, nelle cose visibili, la proporzione permette al pensiero di cogliere in un sol colpo una diversità complessa, dove, senza il soccorso della proporzione, si perderebbe. L'anima umana è esiliata nel tempo e nello spazio, che la privano della sua unità; tutti i procedimenti di purificazione valgono a liberarla dagli effetti del tempo, in modo che giunga a sentirsi quasi a casa propria nel luogo stesso del suo esilio. Il solo fatto di poter cogliere in un sol colpo una molteplicità di oggetti, di poter concepire in un sol colpo una molteplicità di punti di vista su uno stesso oggetto rende l'anima felice; ma bisogna che la regolarità e la diversità siano combinate in modo che il pensiero sia incessantemente sul punto di perdersi nella diversità e incessantemente salvato dalla regolarità. Ma gli oggetti fabbricati a questo scopo non bastano; il pensiero aspira a concepire il mondo stesso come analogo a un'opera d'arte, all'architettura, alla danza, alla musica.[261] A questo scopo bisogna trovarvi la regolarità nella diversità, vale a dire delle proporzioni. Non si può ammirare un'opera d'arte senza credere di esserne in qualche modo l'autore, e, in un certo senso, divenirlo; parimenti, ammirando l'universo come un'opera d'arte se ne diviene in qualche modo l'autore. Ne deriva una purificazione delle passioni e dei desideri, che si riferiscono alla situazione particolare di un piccolo corpo umano nel mondo, e che non hanno più senso quando il pensiero ha come oggetto il mondo stesso. Ma a questo scopo sono indispensabili le proporzioni, senza le quali non può darsi equilibrio fra il pensiero e una materia diversificata, complessa e mutevole. Del resto le proporzioni non hanno valore in sé, ma solo in quanto applicate da un lato nelle arti, dall'altro nelle scienze della natura. Così applicate, strappano la mente dai desideri per condurla alla contemplazione, che esclude i desideri. (Tutto questo naturalmente non si fonda su testi, o solo vagamente).

Agli occhi dei Greci la misura, l'equilibrio, la proporzione e l'armonia costituivano il principio stesso della salvezza dell'anima, perché i desideri hanno come oggetto l'illimitato. Concepire l'universo come un equilibrio, un'armonia, è come farne uno specchio della salvezza. Anche nei rapporti fra gli esseri umani il bene consiste nell'eliminare l'illimitato; in questo risiede la giustizia (che può allora definirsi solo mediante l'uguaglianza). Lo stesso vale nei rapporti di un uomo con sé stesso. Sull'«uguaglianza geometrica» come suprema legge dell'universo e al tempo stesso condizione per la salvezza dell'anima c'è un passo del *Gor-*

gia.[262] Queste nozioni costituiscono, mi sembra, l'atmosfera stessa delle tragedie di Eschilo.
Se con sentimento di sproporzione fra il pensiero e il mondo intendevi il sentimento di essere esiliati nel mondo, allora concordo, i Greci hanno sentito intensamente che l'anima è in esilio. E da loro questo sentimento è passato nel cristianesimo. Ma è un sentimento che non comporta alcuna angoscia, solo amarezza. Tanto più che se – come è mia convinzione – gli stoici non hanno inventato niente, ma riprodotto nel loro linguaggio il pensiero dell'orfismo, di Pitagora, di Socrate, di Platone, ecc., si può dire che per l'anima quel luogo di esilio è precisamente la sua patria, se solo sa riconoscerla. Chi sa che non sia un simbolo di questo, nell'*Odissea,* la storia di Ulisse che si risveglia a Itaca e non la riconosce?[263] L'*Odissea* è manifestamente zeppa di simboli filosofici (Sirene, ecc.). I Greci hanno avuto più di ogni altro popolo il sentimento della necessità. Un sentimento amaro, ma che esclude l'angoscia.[264]
Del resto non ammetterò mai che nel XIX secolo qualcuno abbia capito qualcosa della Grecia. Molte questioni si trovano così liquidate.
La tua tesi che la dottrina di un artista non abbia effetto sulla sua arte non mi pare sostenibile. Che l'artista abbia negli occhi e nelle mani problemi che esigono da parte sua un'attenzione esclusiva, d'accordo. Ma sono per l'appunto i problemi che gli artisti hanno negli occhi e nelle dita a dipendere, penso, dalla loro concezione del mondo e della vita umana. Questo si applica, è vero, solo agli artisti di primissimo ordine. Ma a me gli

altri non interessano granché. Non credo si possa sostenere che l'arte di Giotto, per limitarmi a citare lui, non abbia rapporti con lo spirito francescano. Riguardo alla scienza, parimenti, non penso si possa considerare irrilevante il fatto che Galileo fosse un platonico. In generale non penso che un uomo di primissimo ordine accetti una concezione della vita umana, del bene, ecc., dall'esterno, a casaccio (benché possa accettare così un'etichetta), né che in un tale uomo possa esservi una qualche forma di attività senza strette relazioni con tutte le altre. Il mistero della grandissima arte risiede precisamente in questo: la dottrina dell'artista penetra nelle sue mani. Poco importa che sia o meno in grado di esprimerla anche a parole.

Se devi ripudiarmi nel caso in cui abbia capito la tua lettera di sedici pagine, non è necessario: non ho capito. Questo non mi ha impedito, come hai visto, di riassumerla. Avrai notato con quale diabolica abilità io abbia redatto il riassunto in modo da suggerire che non vi sono altri che Fermat, Gauss e tu.[265] Il tuo senso delle proporzioni deve esserne rimasto urtato. Ma sapevo che avresti rettificato le cose. Inviami ancora lettere simili se ti viene l'ispirazione. Mi piacciono molto. Le leggo coscienziosamente più volte. È una lettura del tutto pura e disinteressata, perché non ne trarrò mai alcuna tesi.

Spero che quando esponevi a Artin il criterio che ti permette di discernere ciò che è o non è un'arte[266] non ci fossero cicale nei paraggi. Perché se una cicala ha riferito alle Muse una simile empie-

tà, ti puniranno. Non sono clementi con chi non le rispetta.[267]
Fraternamente,

Simone

LETTERA 11

Rouen, 5 aprile 1940

Mia cara Sorella,

ti allego una bozza dell'Epistola.[268] Ci vuole molto più spazio bianco, il nome di Cartan va più in alto e più in grande, come indicato. *Vorrei proprio* che tu consultassi a Sainte-Geneviève o alla Nationale qualche modello d'epoca per la disposizione tipografica della testata e delle formule finali. A parte questo, e a parte due errori di punteggiatura, sarebbe soddisfacente; ma H. Cartan mi scrive come segue: « Freymann,[269] colmo di sollecitudine nei tuoi confronti, mi ha chiesto di riflettere ulteriormente sulla tua epistola ... Ecco quel che ti propongo: invece di "In un'epoca ... certezza" si potrebbe semplicemente dire: "Presso di voi trovavamo la certezza che una vita interamente consacrata alla scienza è ancora possibile, senza compromissioni". In fondo, così si dice più o meno la stessa cosa; e so che mio padre preferirebbe una redazione del genere, e che non ci tiene si parli di brutture.[270] Il tuo proposito dell'epistola dedicatoria lo commuove molto, ma gli dispiacerebbe se dovesse procurarti indirettamente delle noie. Dim-

mi la tua risposta; mi scuso del ritardo causato, ma Freymann ne è responsabile quanto me».
Ecco. Non ho un'opinione, a meno di non ricadere nella più piatta banalità. Non tengo alla parola brutture; ma ne occorre una per sostenere il ritmo; o forse *debolezze* andrebbe meglio di *brutture.*[271] A parte questo, propenderei per lasciare le cose tali e quali, ma me ne lavo le mani e ti do carta bianca, dopo intesa (se lo ritieni necessario) con Freymann, con H. Cartan, e se vuoi con papà Cartan o con il sommo pontefice. Rimando a Freymann le bozze dell'intero fascicolo con il visto si stampi (dopo le correzioni, ancora abbastanza numerose, per negligenza dei tipografi) *tranne* che per l'epistola, annotando che per questa il visto si stampi sarà dato *da te.* Quindi, a te la responsabilità; non voglio più sentirne parlare, se non dopo che si è presa una decisione; ma il mio testo così evirato mi ripugnerà, se praticate l'operazione senza che io riesca a vederne la ragione (dal momento che voi, e Cartan in prima lettura, eravate soddisfatti).
Non so per altro come ti salti in mente di attribuirmi l'idea di utilizzare i campi di Galois per far avanzare, mediante le analogie, la teoria dei numeri.[272] L'idea è (essenzialmente) di Artin, come mi pareva di aver spiegato con chiarezza. È vero che in definitiva lui non ne ha cavato nulla; ma, fino adesso, nemmeno io.
Penso anche che tu abbia preso un po' troppo alla lettera il mio paradosso secondo il quale in teoria dei numeri non ne sappiamo più di Gauss. Ma qui sei più scusabile; e, come mi pare di averti

scritto, per sapere che non ne sappiamo più di Gauss, bisogna già sapere molte cose.
A parte questo, sto mandando molto avanti il mio dizionario, svolgo temi e versioni. Traduco in artiniano, al momento abbastanza scorrevolmente, testi riemanniani che tutti i linguisti avrebbero dichiarato intraducibili. Ciò permette (eccetto alcune lacune che mi sto impegnando a colmare) di risolvere i principali problemi in sospeso della teoria delle funzioni algebriche sui campi di Galois.
A uno di questi giorni
Fraternamente,

André

Non lasciarti *in nessun caso* abbindolare da Freymann dandogli il visto si stampi prima di aver preso visione di un giro di bozze *del tutto soddisfacente*, comprese le virgole.

LETTERA 12[273]

ˇΩ φίλτατον φῶς[274] – dal tuo modo di scrivere (ricorso legale – solenne protesta!!! ecc.) è evidente che ti credi ancora ai giorni più belli del Front Populaire – Mettiti bene in testa che quei tempi sono passati, morti, remoti come la rivoluzione egizia di duemila anni fa. Credo che non ritornerà più niente di simile; possono esserci diverse convulsioni politiche (che saranno sterili), ma in Francia, secondo me, il regime parlamentare è morto, e per molto tempo non si rivedrà più né un certo li-

vello di libertà (il che è molto triste) né, d'altra parte, un certo numero di luoghi comuni che non è il caso di rimpiangere. L'evoluzione si percepiva già benissimo nella primavera del '39, quando sei partito.[275] Ora le cose sono andate molto più in là. Un'atmosfera pesante, fosca, soffocante è calata sul paese, così che la gente è giù di corda e scontenta di tutto, ma, per contro, è disposta a incassare *qualunque cosa* senza protestare e perfino senza stupirsene. Situazione tipica dei periodi di tirannide. Il malcontento generale, considerato sempre dagli osservatori superficiali come un indice della fragilità del potere, in realtà testimonia l'esatto contrario. Un malcontento sordo e diffuso è compatibile con una sottomissione pressoché illimitata per decine e decine d'anni; quando al sentimento della sventura si unisce l'assenza di speranza, come sta accadendo ora, gli uomini obbediscono sempre, fino a quando uno shock esterno non restituisca loro la speranza. Vedi il mio amico Retz.[276] La Francia è in questo stato di torpore e di rassegnazione, e lo sarà *per molto tempo* (anche in caso di convulsioni sociali, perché non cambierebbero niente se non in apparenza).
Il parlamento conta zero, la stampa a malapena un po' di più, e l'opinione pubblica non esiste.
Gli inglesi sono sgomenti per il modo in cui la Francia si sta evolvendo. Il *capo della censura inglese* ha detto a un mio amico che la Francia attualmente è fascista. Mancano certi caratteri specifici del fascismo (potere di un partito, violenze fisiche in pubblico), ma l'atmosfera non è poi tanto diversa da quella dell'Italia.
Alcuni fatti caratteristici. Ogni traccia degli avve-

nimenti del '36 è sparita dalle fabbriche, dove le condizioni sono tornate a essere molto dure. Un decreto-legge permette di punire con *dieci anni* di carcere (diritto comune – il regime politico *non esiste più*) discorsi che contengano «informazioni tali da nuocere al morale della nazione». Un altro permette ai tribunali militari, in caso di simili delitti, di aggiungere alla pena detentiva quella del confino (*id est* soggiorno *a vita* in Guyana, che comporta generalmente la morte lenta per fame).[277] Un altro dà al governo e ai prefetti il diritto d'internare in campi speciali, *con semplice misura amministrativa*, gli individui politicamente «sospetti».[278]
Si affibbiano usualmente cinque anni per punire una semplice conversazione «disfattista». Uomini della Sûreté, alcuni in borghese, altri *in divisa*, passano il loro tempo sui treni a origliare discorsi di questo tipo e, all'occorrenza, a infierire. Il Generale governatore del territorio di Parigi[279] pensa, del resto, che sia un errore mandare in galera quelli che fanno simili discorsi; secondo lui sarebbe meglio metterli a morte. Hanno condannato due miei compagni, uno dei quali giornalista del «Peuple» e di «Syndicats»,[280] a cinque e a quattro anni, e la moglie di uno di loro pure a quattro anni – non è una militante, aveva solo imbustato! – per «attività ispirata dallo straniero», mentre avevano semplicemente espresso, prima della guerra, opinioni «monacensi» e pacifiste. Eppure erano sostenuti da Jouhaux e da Belin.[281] Dopo la condanna, hanno subìto per settimane maltrattamenti difficili da immaginare, benché Bonnet[282] avesse formalmente promesso di proteggerli. In confron-

to a oggi il periodo 1914-1918 era un'epoca di libertà idilliaca.
La conclusione è che sarebbe idiota da parte tua fare lo smargiasso davanti al Consiglio di guerra o a chiunque altro. In una simile situazione non vi sono che due opzioni: o farla franca o rovinarsi deliberatamente, dopo aver scelto l'occasione, il momento e il modo. Quanto a te, evidentemente adesso non è il caso di rovinarti, dato che hai deciso di rientrare e conformarti alle leggi. Si tratta dunque di farla franca – il che ha il vantaggio di permettere, forse, di vivere fino a tempi migliori –, e per riuscirci devi startene quieto e farti minuscolo, fare il morto alla maniera degli insetti. Almeno, fino a dopo la sentenza. Non cercare atteggiamenti sensazionali. Non sei più all'École. Siamo in presenza di un determinato rapporto di forze, e l'invocazione pubblica dei princìpi è oramai ridicola.
Benché io provi un immenso dolore per questa trasformazione del paese, non me ne dolgo da ogni punto di vista; perché i princìpi sono fatti per essere invocati non pubblicamente, ma nel proprio intimo, al fine di decidere la propria linea di condotta; e, detto fra noi, lo stile «Front Populaire» era del pessimo francese. Lo stile Luigi XIII è molto più bello. Cerca di impregnartene leggendo Retz.
χαῖρε[283]

SVILUPPO PARZIALE DEL SECONDO ABBOZZO[284]

<... il dialogo> che concerne il sapere.[285]
(A questo proposito T<eeteto> non dimostra solo l'irrazionalità delle radici fino a $\sqrt{17}$, ma, in seguito, quella di tutte le radici di numeri non quadrati.[286] Avrebbe dimostrato che una frazione la quale, elevata al quadrato, dà un numero intero, è sempre riducibile a un numero intero. Ma questo è presentato come un esercizio scolastico, mi sembra, non come una scoperta).
È possibile che Talete abbia avuto una conoscenza intuitiva del suo teorema rappresentando su un piano immagini di proporzioni numeriche:

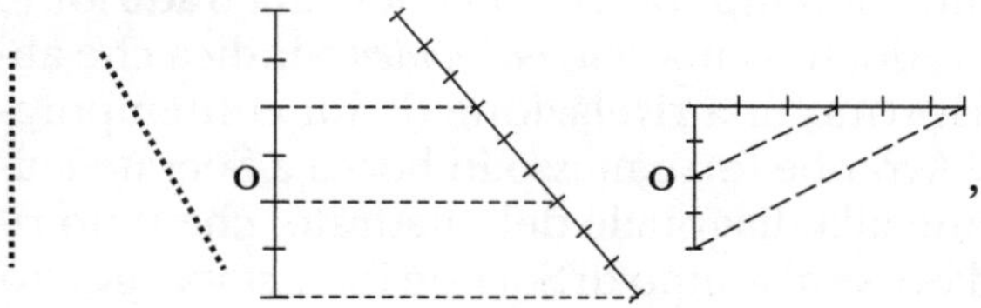

, ecc.

Se Pitagora, come suppongo, ha costruito un triangolo rettangolo con due triangoli simili per formare delle medie proporzionali; se ha così ottenuto una media fra un numero e il suo doppio, sapendo già che non avrebbe potuto ottenerla in numeri; se ha concepito il rapporto fra quella media e quel numero come un rapporto esatto, cosa che sembrava indicare che il potere dell'intelligenza si estende a tutto quello che non si calcola – allora si capisce benissimo il tono di esaltazione estatica che caratterizza qualsiasi evocazione della geometria, e segnatamente degli incommensurabili. Altrimenti non si capirebbe.

Trovare nei numeri leggi che permettano di definire in anticipo i caratteri (pari, dispari, quadrato, ecc.) di numeri che non abbiamo formato noi – trovare, laddove il numero non può fornire alcun aiuto, rapporti non numerici esatti come i rapporti fra numeri – ecco due cose inebrianti, ma la seconda molto di più.

Penso quindi che la nozione di proporzione, quale compare nel quinto libro di Euclide, sia di molto anteriore a Eudosso. (È quello che volevo suggerire segnalando la matrice pitagorica di Eudosso). La filosofia di Platone è incomprensibile se non si ammette che egli abbia avuto questa nozione. A rigore, avrebbe potuto mutuarla da Eudosso, suo contemporaneo – ma nessuna tradizione, né, credo, nessuna *internal evidence* indica che abbia ricevuto una rivelazione da un contemporaneo. Avrebbe forse messo in bocca a Socrate l'allusione alla diagonale del quadrato, che ti ho ricordato, se al tempo di Socrate fosse stata oggetto di scandalo e segno di un fallimento?

Nota che molto probabilmente ci sono stati sconvolgimento e scandalo in tutti gli animi un po' grossolani. Chi sa se la dimostrazione che uno stesso numero è pari e dispari non sia servita da modello per tutte quelle dimostrazioni comprovanti una tesi e il suo contrario (fondamento della sofistica) che proliferarono nel V secolo e demoralizzarono Atene?

Su Nietzsche siamo lontani dall'intenderci. Non m'ispira un'inclinazione a trattarlo con leggerezza, bensì una repulsione invincibile e quasi fisica; e questo persino quando esprime cose che penso. Preferisco credere sulla parola che sia un grand'uomo piuttosto che andare a verificare; perché dovrei accostarmi a ciò che mi fa male? Ma mi pare difficile considerare un amante della sapienza che ha fatto la sua fine come un uomo compiuto. Pur ammettendo che dei fattori fisici abbiano giocato contro di lui, che per tutta la vita abbia lottato contro la sventura e alla fine ne sia stato vinto, agli sventurati si addice comunque un poco di umiltà, non un orgoglio smisurato. Se la sventura produce un simile orgoglio per compensazione, lo sventurato può essere legittimamente oggetto di pietà, non di stima, e ancor meno di ammirazione.
Sotto l'appellativo di uomo dionisiaco ha evidentemente descritto sé stesso; ma se avesse visto giusto, la Grecia sarebbe sprofondata come lui. Ce n'è abbastanza per mostrare che non l'ha capita. D'altronde, fare affidamento su Wagner per risuscitarla!
Si è completamente sbagliato su Dioniso (senza contare che l'opposizione con Apollo è pura fantasia, credo). Come mai non ha prestato ascolto a Erodoto – un uomo che sa di cosa parla – quando dice che Dioniso è Osiride? Da allora si tratta del Dio la cui imitazione costituisce per l'anima la salvezza; il Dio che si è congiunto all'uomo nell'umiliazione, nella sofferenza e nella morte; al quale l'uomo può e deve congiungersi nella perfezione (vale a dire la purezza, la giustizia, la verità) e nella felicità. Esattamente come il Cristo.

La dismisura, l'ebbrezza cosmica, Wagner non hanno niente a che vedere con tutto questo.
Non posso ammettere spiegazioni catastrofiche della Grecia e della sua storia. Certo, i Greci avevano una concezione dolorosa dell'esistenza umana, come chiunque abbia gli occhi aperti. Ma il loro dolore aveva uno scopo; aveva un senso *in rapporto* alla felicità che è la sorte naturale dell'anima, e di cui la privano le dure costrizioni di questo mondo. In loro il dolore non appare mai se non come fallimento di un'aspirazione alla felicità. Solo in questo senso (come dice Nietzsche) ha potuto esserci in loro commistione di dolore e gioia; perché il sentimento di essere nati per la felicità è ancora un sentimento felice, anche se rimane miseramente impotente, e appare più puro nella sventura. Al contrario, in tanti moderni – specialmente N<ietzsche>, credo – c'è una tristezza in sé, una tristezza legata all'assenza del senso stesso della felicità. In loro la commistione di dolore e di ciò che chiamano gioia deriva dal fatto che sono attirati dalla catastrofe; lì trovano la loro voluttà; hanno bisogno di annientarsi. A mio parere, la follia è essenzialmente privazione totale della gioia e dell'idea stessa di gioia.
Nei Greci, a mio avviso, non c'è alcuna angoscia. È questo a rendermeli cari. Mai, lottando contro l'angoscia, si produce serenità; la lotta contro l'angoscia non produce altro che nuove forme di angoscia. I Greci erano su un altro piano; avevano la grazia.
Ciò che hanno intensamente avvertito è il sentimento dell'esilio, il sentimento che l'anima è esiliata nel mondo. E da loro è passato nel cristiane-

simo. Ma un simile sentimento non comporta alcuna angoscia, soltanto amarezza. Hanno avvertito parimenti, più di qualsiasi altro popolo, il sentimento della necessità e dell'impossibilità di combatterne l'imperio. Ma questo sentimento, il più amaro di tutti, esclude l'angoscia.

Penso che gli stoici non abbiano inventato niente, ma solamente trasmesso, insegnando che questo mondo è la patria dell'anima; essa deve imparare a riconoscere la propria patria nel luogo stesso del suo esilio. Chi sa che non sia un simbolo di questo, nell'*Odissea*, la storia di Ulisse che si risveglia a Itaca e non la riconosce? L'*Odissea* è manifestamente zeppa di simboli filosofici. (Sirene, ecc.).

Quanto al problema del misticismo in Grecia, bisogna che c'intendiamo. Vi sono individui che hanno semplicemente degli stati di estasi; ve ne sono altri che in più studiano tali stati in modo pressoché esclusivo, li descrivono minuziosamente, li classificano, in una certa misura li provocano. In genere sono i secondi a essere chiamati mistici; così san Francesco non è considerato tale, credo. In questo senso non c'è traccia di mistica prima dei neoplatonici e degli gnostici. Nel periodo classico e preclassico può benissimo esserci stato una sorta di divieto al riguardo; possono aver giudicato poco opportuno formulare a parole ciò che vi è di più prezioso. È possibile che abbiano esteso la nozione di segreto fino a preservare anche nei confronti di sé stessi il segreto delle cose più elevate, ammantandole di un silenzio totale. La virtù del silenzio, alla quale i pitagorici annettevano tanto valore, probabilmente non concerneva solo i rapporti con i profani.

Ma se con mistica si designa il fatto di avere stati di estasi, di annettere loro un grande valore, e, se non di provocarli, almeno di cercare di mettersi in una disposizione spirituale in cui siano possibili – allora Platone, anzitutto, è un mistico. A questo riguardo, è significativo il ruolo da lui attribuito all'amore; e non mancano nella sua opera allusioni a stati estatici. Inoltre, quando fa l'elogio della μανία ispirata dagli dèi e dice che Dioniso ispira quella dei misteri, attesta l'esistenza di una tradizione mistica. Perché quella μανία può consistere solo in stati estatici; non potrebbe trattarsi di stati di semidelirio collettivo. Quando riti combinati a insegnamenti sono accompagnati da stati di estasi, devono esserci pratiche mistiche.[287]

A questo proposito, non si può separare Eschilo dal resto del pensiero greco perché era stato iniziato a Eleusi. Sembra che questo capitasse praticamente a tutti; tutti quelli che contavano.

Nel *Filebo* c'è un passo assai singolare. «È un dono degli dèi agli uomini, credo, caduto dalla dimora degli dèi, grazie a un Prometeo, insieme a un luminosissimo fuoco; e gli antichi (παλαιοί), che valevano più di noi e abitavano più vicino agli dèi, ci hanno trasmesso questo oracolo; ovvero che tutte le cose che diciamo essere sempre sono composte dell'uno e del molteplice, e hanno come <proprietà> intrinseche (ξύμφυτον) il limite e l'illimitato (ἄπειρον)».[288] Il seguito spiega che in qualunque ricerca su qualsivoglia soggetto bisogna cogliere l'idea unica che abbraccia l'intero soggetto – poi le idee, in numero limitato, che permettono di qualificare, classificare, mettere in ordine le cose abbracciate dall'idea unica – e solo una volta trovate tutte quelle idee, passare alla varietà illimitata delle cose in questione. Es<empio> 1) il suono; 2) il grave, l'acuto, gli intervalli, ecc.; 3) i suoni. Platone afferma che i dotti (σοφοί) moderni non sanno più usare correttamente questo metodo.

COMPENDIO DI SIMONE WEIL[289] DELLA LETTERA DI ANDRÉ WEIL DEL 26 MARZO 1940

La teoria dei numeri (se si tralasciano alcune proposizioni trovate dai Greci, in particolare dai pitagorici) ha inizio in Francia, nel XVII secolo, con Fermat. Al principio del XIX secolo sarà poi il matematico tedesco Gauss a farle compiere gli sviluppi più decisivi. La nozione che in questa teoria svolge il ruolo essenziale è quella di congruenza, relazione fra tre numeri interi tale che la differenza fra i primi due sia multiplo del terzo. Se il primo di questi numeri è il quadrato, il cubo, ecc. di un numero intero sconosciuto, si ha una serie di espressioni di grado 2°, 3°, ecc. Per quelle di secondo grado, Gauss ha ottenuto una legge detta di reciprocità. Egli ha studiato anche le espressioni di terzo e di quarto grado. Da allora, e fino a tempi recenti, i matematici hanno cercato di studiare con maggiore efficacia queste espressioni utilizzando le nozioni di teoria degli insiemi che sono alla base dell'algebra moderna. Hanno trovato così una formula più generale e più semplice della legge di reciprocità di Gauss, ma non sono stati in grado di andare oltre.

Verso la fine del secolo scorso in Germania si vide un'analogia fra questa teoria algebrica dei numeri e la teoria delle funzioni di una variabile, stabilita dal grande matematico Riemann per mezzo dell'analisi trascendente; si vide cioè che la teoria dei numeri avrebbe permesso, mediante una trasposizione, di ritrovare certi risultati di Riemann. Una nozione nuova fu aggiunta alla teoria dei numeri per rendere più completa l'analogia. Nondimeno i due ambiti – teoria dei numeri e teoria delle funzioni di una variabile – rimanevano troppo distanti perché il passaggio dall'uno all'altro potesse essere fecondo.
L'esame dei cosiddetti campi di Galois fece intravedere un oggetto di studio la cui analogia con la teoria dei numeri è strettissima, al punto che tutti i risultati della teoria dei numeri vi si traspongono immediatamente.
André Weil ha avuto l'idea di utilizzare i campi di Galois come intermediari fra la teoria riemanniana delle funzioni di una variabile e la teoria dei numeri.[290] Questo costituisce appunto l'oggetto di un lavoro da lui iniziato diversi anni fa. L'interesse del suo lavoro consiste nel fatto che le conoscenze acquisite e i procedimenti di studio in possesso dell'attuale matematica riguardo alle funzioni di una variabile sono di gran lunga[291] superiori rispetto ai risultati e ai metodi della teoria dei numeri. Se dunque si riesce a passare – attraverso l'analogia, e mediante un intermediario – dalla teoria più ricca alla teoria meno ricca si può sperare di far compiere a quest'ultima progressi degni di nota che sarebbe forse impossibile conseguire in altro modo.

Poiché le tre teorie così accostate, benché analoghe, non sono identiche, si tratta di un lavoro molto delicato. André Weil paragona questo lavoro alla decifrazione di tre iscrizioni in tre lingue diverse, iscrizioni il cui senso sarebbe[292] alquanto affine ma non identico; delle tre iscrizioni si possiedono solo frammenti piuttosto sconnessi, e su ciascuna delle tre lingue solo alcune nozioni. Si tratta di trovare, nelle tre lingue, le espressioni che abbiano lo stesso significato. Questo lavoro ha già avuto esiti non trascurabili.

Si può riassumere così la storia dello studio dei numeri interi a partire dal Rinascimento. Fermat, Eulero e Gauss hanno apportato in questo ambito notevoli risultati; vi hanno stabilito delle leggi. La seconda tappa di questo studio è consistita nell'elaborazione di una teoria algebrica dei numeri applicando ai numeri le nozioni di teoria degli insiemi che caratterizzano l'algebra moderna. Questo progresso, per quanto importante dal punto di vista del metodo, non è stato di per sé decisivo dal punto di vista dei risultati. La terza tappa consiste nel far progredire la teoria algebrica dei numeri utilizzando l'analogia che presenta con la teoria delle funzioni di una variabile. È precisamente questo l'oggetto del lavoro di André Weil, lavoro di cui è pertanto facile comprendere l'interesse.

Interesse che risalterà ancor di più se si tiene presente che da molto tempo, e fino agli ultimi anni, la teoria dei numeri era progredita solo con gli sforzi dei matematici tedeschi. Attualmente, al contrario,[293] e grazie a questo nuovo metodo, il paese di Fermat ha riacquisito il primo posto in tale ambito.

P. 212[294]

N.B. A questo elenco di lavori bisogna aggiungere una vasta opera in corso di redazione, impresa collettiva di molti giovani matematici, fra i quali André Weil, che deve costituire una specie di summa della matematica moderna ricostruita a partire dalla topologia e dalla teoria degli insiemi. L'opera è stata intrapresa da più di cinque anni, e il primo fascicolo apparirà molto presto da Hermann.[295]
D'altra parte, da Hermann è in corso di pubblicazione un importante lavoro di André Weil sui gruppi in topologia;[296]

ABBREVIAZIONI BIBLIOGRAFICHE

OPERE DI SIMONE WEIL

AD — *Attente de Dieu*, Prefazione di J.-M. Perrin, Fayard, Paris, 4ª ediz., 1966 [trad. it. *Attesa di Dio*, a cura di M.C. Sala, con un saggio di G. Gaeta, Adelphi, Milano, 2008]. Anche in OC IV/1

CS — *La Connaissance surnaturelle*, Gallimard, Paris, 1950 [trad. it. Q IV]. Anche in OC VI/4

E — *L'Enracinement. Prélude à une déclaration des devoirs envers l'être humain*, Gallimard, Paris, 1949 [trad. it. di F. Fortini, *La prima radice. Preludio ad una dichiarazione dei doveri verso l'essere umano*, con uno scritto di G. Gaeta, SE, Milano, 1990]. Anche in OC V/2

EHP — *Écrits historiques et politiques*, Gallimard, Paris, 1960 [trad. it. parziale in *Sulla Germania totalitaria*, a cura di G. Gaeta, Adelphi, Milano, 1990]. Anche in OC II/1, 2, 3

EL — *Écrits de Londres et dernières lettres*, Gallimard, Paris, 1957 [trad. it. parziale di G. Gaeta, *Nota sulla soppressione dei partiti politici*, in «Diario», IV/6, giugno 1988, pp. 3-20; trad. it. parziale in *La persona e il sacro*, a cura di M.C. Sala, con un saggio di G. Gaeta, Adelphi, Milano, 2012]

LPH — *Leçons de philosophie (Roanne 1933-1934)*, Plon, Paris, 1989 [trad. it. di L. Nocentini,

Lezioni di filosofia, a cura di M.C. Sala, Adelphi, Milano, 1999]

LR *Lettre à un religieux*, Gallimard, Paris, 1951 [trad. it. *Lettera a un religioso*, a cura di G. Gaeta, Adelphi, Milano, 1996]

OC *Oeuvres complètes*, ediz. diretta da A.A. Devaux e F. de Lussy, Gallimard, Paris, 1988 sgg.; ediz. diretta da F. de Lussy, 2002 sgg.; ediz. diretta da R. Chenavier, 2012 sgg.

– OC I *Oeuvres complètes*, vol. I: *Premiers écrits philosophiques*, a cura di G. Kahn e R. Kühn, 1988

– OC II/1 *Oeuvres complètes*, vol. II/1: *Écrits historiques et politiques. 1. L'Engagement syndical (1927-1934)*, a cura di G. Leroy, 1988

– OC II/2 *Oeuvres complètes*, vol. II/2: *Écrits historiques et politiques. 2. L'Expérience ouvrière et l'adieu à la révolution (1934-1937)*, a cura di G. Leroy e A. Roche, 1991 [trad. it. parziale in RG]

– OC II/3 *Oeuvres complètes*, vol. II/3: *Écrits historiques et politiques. 3. Vers la guerre (1937-1940)*, a cura di S. Fraisse, 1989 [trad. it. parziale in RG]

– OC IV/1 *Oeuvres complètes*, vol. IV/1: *Écrits de Marseille (1940-1942). 1. Philosophie, science, religion, questions politiques et sociales*, con la collaborazione di M. Broc-Lapeyre, M.-A. Fourneyron, P. Kaplan, F. de Lussy e J. Riaud, 2008

– OC IV/2 *Oeuvres complètes*, vol. IV/2: *Écrits de Marseille (1941-1942). 2. Grèce – Inde – Occitanie*, a cura di A. Castel-Bouchouchi e F. de Lussy, con la collaborazione di A. Brenon, S. d'Intino, M. Narcy, J.-L. Périllié e M. Rashed, 2009 [trad. it. parziale in RG]

– OC V/2 *Oeuvres complètes*, vol. V/2: *Écrits de New*

York et de Londres (1943). 2. L'Enracinement. Prélude à une déclaration des devoirs envers l'être humain, a cura di R. Chenavier e P. Rolland, con la collaborazione di M.-N. Chenavier-Jullien, 2013

– OC VI/1 *Oeuvres complètes*, vol. VI/1: *Cahiers (1933-septembre 1941)*, a cura di A. Degrâces, P. Kaplan, F. de Lussy e M. Narcy, 1994

– OC VI/2 *Oeuvres complètes*, vol. VI/2: *Cahiers (septembre 1941-février 1942)*, a cura di A. Degrâces, M.-A. Fourneyron, F. de Lussy e M. Narcy, 1997

– OC VI/3 *Oeuvres complètes*, vol. VI/3: *Cahiers (février 1942-juin 1942)*, a cura di A. Degrâces, M.-A. Fourneyron, F. de Lussy e M. Narcy, 2002

– OC VI/4 *Oeuvres complètes*, vol. VI/4: *Cahiers (juillet 1942-juillet 1943)*, a cura di M.-A. Fourneyron, F. de Lussy e J. Riaud, 2002

– OC VII/1 *Oeuvres complètes*, vol. VII/1: *Correspondance. 1. Correspondance familiale*, a cura di R. Chenavier e A.A. Devaux, con la collaborazione di M.-N. Chenavier-Jullien, A. Devaux e O. Rey, 2012

OL *Oppression et liberté*, Gallimard, Paris 1955 [trad. it. di C. Falconi, *Oppressione e libertà*, Edizioni di Comunità, Milano, 1956; trad. it. parziale in *Riflessioni sulle cause della libertà e dell'oppressione sociale*, a cura di G. Gaeta, Adelphi, Milano, 1983]. Anche in OC II/1 e 2

Q *Quaderni*, Adelphi, Milano, 1982-1993

– Q I *Quaderni*, vol. I, a cura, e con un saggio, di G. Gaeta, 1982

– Q II *Quaderni*, vol. II, a cura di G. Gaeta, 1985

– Q III *Quaderni*, vol. III, a cura di G. Gaeta, 1988

– Q IV — *Quaderni*, vol. IV, a cura, e con un saggio, di G. Gaeta, 1993

RG — *La rivelazione greca*, a cura di M.C. Sala e G. Gaeta, Adelphi, Milano, 2014

S — *Sur la Science*, Gallimard, Paris ,1966 [trad. it. di M. Cristadoro, *Sulla scienza*, Introduzione di V. Cappelletti, Borla, Torino, 1971]. Anche in OC I, OC IV/1

ALTRE ABBREVIAZIONI

CSW — «Cahiers Simone Weil», rivista trimestrale pubblicata dall'Association pour l'étude de la pensée de Simone Weil, giugno 1978 sgg.

SP I e II — Simone Pétrement, *La Vie de Simone Weil*, 2 voll., Fayard, Paris, 1973 [trad. it. di E. Cierlini, *La vita di Simone Weil*, a cura di M.C. Sala, con una Nota di G. Gaeta, Adelphi, Milano, 1994]

NOTE

Maria Concetta Sala è grata a Ena Marchi per la fiducia accordatale e a Giancarlo Maggiulli per la solerte cura redazionale. Un particolare ringraziamento va a Paolo Zellini per la preziosa lettura, a Olivier Rey per la proficua collaborazione e a Robert Chenavier per il generoso sostegno.

1. Trattandosi di un sabato, Simone Weil potrebbe aver scritto al fratello il 10 febbraio 1940; André, infatti, detenuto dal 2 dello stesso mese per renitenza alla leva nella prigione civile di Le Havre, e trasferito intorno al 15 febbraio nel carcere militare di Rouen (André Weil, *Souvenirs d'apprentissage*, Birkhaüser Verlag, Basel, 1991, p. 149; trad. it. di C. Bartocci, *Ricordi di apprendistato*, Einaudi, Torino, 1994, p. 162), nella sua risposta da Rouen del 29 febbraio dichiara di aver ricevuto questa lettera precisando che era « arrivata a Le Havre » (si veda sopra, p. 17). Una ferma risoluzione e alcune circostanze in parte fortuite avevano causato il suo arresto: nell'aprile del 1939 André Weil era partito insieme alla moglie per una missione scientifica in Inghilterra e nei paesi nordici per conto della Caisse des recherches scientifiques, e dopo l'entrata in guerra della Francia, agli inizi di settembre, invece di rientrare restò in Finlandia, deciso a non partecipare al conflitto bellico perché già da tempo riteneva suo dovere « fare il matematico e non la guerra » (SP II, pp. 236-37; trad. it., pp. 462-63); scambiato per una spia, dopo l'attacco della Russia alla Finlandia (30 novembre 1939) fu arrestato dai finlandesi, poi espulso in Svezia, e in seguito, attraverso l'Inghilterra, rimpatriato in Francia, dove l'agente dello spionaggio francese che lo aveva accompagnato durante la traversata da Southampton a Le Havre lo consegnò ai gendarmi locali; cfr. *Souvenirs d'apprentissage*,

cit., pp. 129 sgg. (trad. it. cit., pp. 139 sgg.), e SP II, pp. 253 sgg. (trad. it., pp. 478 sgg.).

2. La lettera a cui qui si accenna doveva aver rassicurato i Weil, colpiti dal «tono disperato» di quella precedente, scritta da André il 3 febbraio dal carcere di Le Havre al suo avvocato, che li aveva subito informati; tra l'altro erano preoccupati per il rifiuto delle autorità carcerarie di concedere il permesso di visita; si veda *Souvenirs d'apprentissage*, cit., p. 147 (trad. it. cit., p. 161), e cfr. SP II, p. 255 (trad. it., pp. 478-79).

3. Il saggio *Quelques réflexions sur les origines de l'hitlérisme*, scritto negli ultimi mesi del 1939, apparve per la prima volta parzialmente sui «Nouveaux Cahiers», 53, 1° gennaio 1940; sarà poi pubblicato integralmente in EHP, pp. 11-60 (trad. it., pp. 197-279); ora in OC II/3, pp. 168-219.

4. Di fatto fu pubblicata solo la seconda parte del saggio, «Hitler et la politique extérieure de la Rome antique» (EHP, pp. 23-40; trad. it., pp. 218-46; ora in OC II/3, pp. 181-98); il resto, già in bozze, fu bloccato dalla censura, probabilmente per la critica rivolta ad «alcuni aspetti del pensiero e della politica francesi» (SP II, p. 242; trad. it., p. 468).

5. Su Teodorico, re degli Ostrogoti, Simone Weil ribadisce qui il giudizio positivo dato nel saggio sullo hitlerismo citato (EHP, p. 22; trad. it., p. 217; ora in OC II/3, p. 180).

6. Si veda lo storiografo bizantino Procopio di Cesarea (500 ca.-565 ca.), *De bello Gothico*, I, 1.

7. Poiché Simone Weil avrebbe respinto i tagli successivamente proposti da Jean Paulhan (1884-1968), direttore della «Nouvelle Revue Française», il saggio *L'«Iliade» ou le poème de la force* (1938-1939) fu pubblicato sui «Cahiers du Sud», 230, dicembre 1940 e 231,

gennaio 1941; ora in OC II/3, pp. 227-53 (trad. it. in RG, pp. 31-64).

8. In effetti le sue traduzioni rispettano scupolosamente l'ordine delle parole dell'originale.

9. Su John Keats, del quale Simone Weil cita più volte l'*Ode to a Nightingale*, si veda quanto scrive nel saggio *La science et nous* (primavera 1941) a proposito della « rappresentazione del mondo » offerta dalla scienza classica, nella quale « il bene è completamente assente »: « Per questo la scienza classica non è bella; non tocca il cuore né contiene una sapienza. Si capisce quindi che Keats abbia odiato Newton e che anche Goethe non lo abbia amato. Per i Greci era tutto diverso. Uomini beati, per i quali l'amore, l'arte e la scienza erano solo tre aspetti appena differenti dello stesso movimento dell'anima verso il bene. In confronto a loro noi siamo miseri, e nondimeno ciò che ne costituisce la grandezza è a nostra portata di mano » (S, p. 139; cfr. trad. it., p. 116; ora in OC IV/1, p. 152). In *Rêverie à propos de la science grecque* (dicembre 1940 o gennaio 1941) osserva: « ... la scienza, l'arte, la ricerca di Dio, che presso i Greci erano unite, presso di noi sono separate. Keats odiava Newton; quale poeta greco avrebbe odiato Eudosso? » (S, p. 266; cfr. trad. it., p. 5; ora in OC IV/1, p. 489); su Eudosso, si veda qui sotto, nota 66.

10. Alla sollecitazione della sorella André risponderà nella Lettera 7, sopra, pp. 42 sgg.

11. Il riferimento è all'opera dell'assiriologo ed esegeta Édouard Paul Dhorme (1881-1966), *Choix de textes religieux assyro-babiloniens*, J. Gabalda, Paris, 1907.

12. Si tratta dell'epopea di Gilgameš, il cui nucleo originario risalirebbe al terzo millennio a.C.; i Sumeri sono annoverati da Simone Weil fra i popoli dai quali scaturì « l'intera civiltà mediterranea immediatamente precedente i tempi storici » (LR, p. 44; trad. it., p. 44).

13. Il racconto della «fuga di Gilgameš» dopo la morte dell'eroe amico Enkidu è annoverato da Simone Weil tra le «rappresentazioni della miseria umana» (OC VI/2, p. 359; Q II, p. 189).

14. Lezione base cassata: «parola».

15. Simone Weil aveva il vezzo di scrivere così il nome della cognata Éveline Gillet (1910-1986), che André aveva sposato nel 1937 dopo che lei aveva divorziato dal primo marito, il matematico René de Possel (1905-1974).

16. Jean-François-Paul de Gondi (1613-1679), cardinale di Retz, storico e uomo politico, coadiutore dell'arcivescovo di Parigi, acerrimo nemico di Mazzarino, prese parte alla Fronda, ma si riavvicinò poi alla corte ottenendo così il titolo cardinalizio. Arrestato in seguito a successivi intrighi, riuscì a evadere; alla morte di Mazzarino rientrò in Francia grazie al perdono concessogli da Luigi XIV e, ottenuta l'abbazia di Saint-Denis, vi trascorse il resto della vita scrivendo i suoi *Mémoires*, che saranno pubblicati postumi nel 1717.

17. Retz e i suoi *Mémoires* sono spesso citati nei *Cahiers* (OC VI/1-4; trad. it. Q I-IV); il nome del cardinale e il *Diary* dello scrittore e amministratore inglese Samuel Pepys (1633-1703) – che grazie alle sue eccellenti abilità e competenze raggiunse i più alti gradi della gerarchia civile – compaiono nel saggio *Quelques réflexions sur les origines de l'hitlérisme*, cit., pp. 54 e 16 (trad. it. cit., pp. 268 e 206); ora in OC II/3, pp. 213 e 173.

18. A questa lettera, non datata ma probabilmente scritta dopo il 15 febbraio e spedita a Rouen, André Weil risponderà il 29 febbraio (sopra, Lettera 3, pp. 17 sgg.).

19. Si veda anche la lettera del fratello del 26 marzo, sopra, pp. 42 sgg., in particolare pp. 62 e 64 sgg.

20. È probabile che si tratti di Claude Chevalley (1909-1984), matematico al quale si devono importanti contributi in diverse branche dell'algebra.

21. Il riferimento è al personaggio del celeberrimo racconto (1831) di Balzac, il vecchio pittore Frenhofer, il quale mira alla perfezione assoluta e pensa di averla conseguita con il suo « capolavoro sconosciuto », da lui ultimato dopo un decennio di lavoro, e che si rivelerà invece un disastro.

22. Si tratta dell'opera del matematico e storico delle scienze austro-americano Otto Neugebauer (1899-1990), *Vorlesungen über Geschichte der antiken mathematischen Wissenschaften*, vol. I: *Vorgriechische Mathematik*, Julius Springer, Berlin, 1934. Si veda anche sopra, p. 26.

23. Questo problema, il cui enunciato si trova in O. Neugebauer, *op. cit.*, p. 176, è citato da Simone Weil anche in *La science et nous*, cit., p. 122 (trad. it. cit., p. 102); ora in OC IV/1, p. 140; e in *À propos d'un livre de Planck*, s.d. (OC IV/1, p. 492).

24. Riguardo alla formula attribuita da Plutarco a Platone, si veda sopra, Lettera 4, p. 27, e qui sotto, nota 71.

25. A Chançay, in Turenna, e a Dieulefit, nella Drôme, si tennero probabilmente nell'estate del 1937 e nel settembre del 1938 (SP II, pp. 167 e 203; trad. it., p. 413) due congressi del gruppo Nicolas Bourbaki, pseudonimo collettivo scelto nel luglio 1935 da un gruppo di giovani matematici, all'inizio solo francesi, ex studenti dell'École Normale Supérieure, fra i quali lo stesso André Weil. Tra le altre attività, si dedicarono all'esposizione unitaria e assiomatica della matematica nei diversi volumi dell'opera collettiva *Éléments de mathématique*, che cominciarono ad apparire nel 1939 presso la casa editrice Hermann di Parigi (sulla nascita e gli ulteriori sviluppi di Bourbaki si veda André Weil, *Souvenirs*

d'apprentissage, cit., pp. 104 sgg.; trad. it. cit., pp. 109 sgg.).

26. A Diofanto, matematico greco di Alessandria vissuto nel III o nel IV secolo, si deve l'inizio del calcolo algebrico e il principale libro dell'antichità sulla teoria dei numeri (*Aritmetica*); cfr. T.L. Heath, *Diophantus of Alexandria. A Study in the History of Greek Algebra*, Cambridge University Press, Cambridge, 1910. Su Diofanto e la storia dell'algebra, si veda OC VI/1, pp. 126-27 (Q I, pp. 166-68); sulla storia della matematica « orientata alla risoluzione della contraddizione fondamentale tra continuo e discontinuo (numero) » in mancanza dell'algebra, si veda l'abbozzo tracciato in *L'enseignement des mathématiques* (1932), in S, pp. 108-109 (trad. it., pp. 91-92); ora in OC IV/1, pp. 434-35.

27. « I Greci scoprirono un'evidenza di livello molto più elevato attraverso la ricerca di proporzioni non numeriche tanto esatte quanto quelle in cui tutti i termini sono numeri interi. Scoprirono così un'immagine ancor più appropriata delle verità divine. Che il loro attaccamento alla geometria fosse di natura religiosa risulta palese » sia dai testi che lo documentano sia dal loro rifiuto nei confronti dell'algebra (« À propos de la doctrine pythagoricienne », maggio-inizio giugno 1942, in *Intuitions pré-chrétiennes*, in OC IV/2, p. 260; trad. it. in RG, p. 272).

28. Si veda sopra, Lettera 1, p. 11.

29. Nella stesura definitiva del citato saggio sullo hitlerismo la seconda parte corrisponde di fatto alla terza, « Hitler et le régime intérieur de l'Empire romain », in EHP, pp. 40-51 (trad. it., pp. 247-79); ora in OC II/3, pp. 199-219.

30. Si tratta di Auguste Bréal (1869-1941), che Simone Weil andò a trovare più tardi a Marsiglia, dove abitava; ebbe così modo di conoscere un uomo di vasta cultura

e di grande finezza d'animo, la cui morte, sopravvenuta nel gennaio del 1941, fu per lei motivo di dolore (SP II, p. 298; trad. it., p. 508).

31. Si veda sopra, Lettere 1 e 2, pp. 11 sgg. e 13 sgg.

32. Si tratta delle bozze dello scritto *L'intégration dans les groupes topologiques et ses applications*, che, destinato in un primo momento alla collana del « Mémorial des Sciences Mathématiques », apparirà invece fra le « Publications de l'Institut mathématique de Clermont-Ferrand », Hermann, Paris, 1940, 1953[2] (la « Dédicace » a Élie Cartan di cui si parla immediatamente sotto – si veda qui, nota 34 – e l'« Introduction » sono ora riprodotte in André Weil, *Oeuvres Scientifiques. Collected Papers*, 3 voll., Springer-Verlag, New York-Heidelberg-Berlin, 1979, vol. I: *1926-1951*, pp. 273-74 e 275-76).

33. Lettura che terrà impegnato a lungo André nei mesi trascorsi in carcere, come si evince da una lettera del 30 marzo alla moglie: « Ho esaurito i Balzac, ma ne rileggo di quando in quando qualche brano » (*Souvenirs d'apprentissage*, cit., p. 152; cfr. trad. it. cit., p. 166).

34. L'epistola dedicatoria (« Dédicace ») è un omaggio solenne a Élie Cartan (1869-1951), autorevole matematico francese al quale si devono importanti ricerche in algebra e in geometria differenziale, concernenti in particolare la teoria dei gruppi in senso topologico, i cui risultati troveranno impiego nella fisica quantistica.

35. Henri Cartan (1904-2008), figlio di Élie, fu uno dei fondatori del gruppo Bourbaki; cfr. *Correspondance entre Henri Cartan et André Weil (1928-1991)*, a cura di Michèle Audin, Éd. Société mathématique de France, Paris, 2011, e l'articolo di Jean-Pierre Kahane, *Weil, Cartan, la prison et l'intégrale*, in « Images des Mathématiques », CNRS, 2009. Quanto ai ritocchi, si veda sopra, Lettere 5, 6 e 11, pp. 29-30 e 98-99.

36. Si veda sopra, Lettere 1 e 2, pp. 12 e 14.

37. Simone Weil riprenderà l'affermazione del fratello confutandola in *L'Enracinement* (1943): «C'è un matematico che paragona volentieri la matematica ad una scultura eseguita in una pietra particolarmente dura. Gente che in pubblico si fa passare per sacerdote della verità, degrada singolarmente la propria parte paragonandosi a un giocatore di scacchi; il confronto con uno scultore è più onorevole. Ma se si ha la vocazione di fare lo scultore, è meglio fare lo scultore invece che il matematico. Quel paragone, esaminato da vicino, non ha senso nell'attuale concezione della scienza. È solo il presentimento molto confuso di una concezione differente» (E, pp. 167-68; trad. it., p. 228; ora in OC V/2, p. 320). Si veda anche quel che Simone Weil scrive a proposito della «materia dell'arte matematica», sopra, Lettera 4, p. 27, e la risposta del fratello, Lettera 7, p. 65.

38. «Non ha l'ottimo artista alcun concetto / c'un marmo solo in sé non circonscriva / col suo superchio, e solo a quello arriva / la man che ubbidisce all'intelletto» (Michelangelo, *Rime*, 151).

39. I «Colossi» marmorei, probabilmente destinati alla tomba di Giulio II, furono trasferiti nel 1909 dal Giardino di Boboli alla Galleria dell'Accademia; l'ultimo capolavoro di Michelangelo è oggi esposto nel Museo Pietà Rondanini all'interno del Castello Sforzesco di Milano.

40. Max Dehn (1878-1952), matematico tedesco, professore presso l'Università di Breslavia e poi di Francoforte; costretto nel 1935 al pensionamento forzato, si trasferì nel 1939 a Copenaghen, quindi a Trondheim, e da lì nel 1940 definitivamente negli Stati Uniti. André Weil lo conobbe durante il suo soggiorno a Francoforte nel 1926, e nella sua autobiografia lo giudica

un uomo dotato di saggezza, «una qualità allo stesso tempo intellettuale e morale», e non uno specialista, perché «il saggio non è specializzato in nulla»; allo stesso tempo lo reputa «un matematico di gran talento ... e umanista, che nella matematica vedeva un capitolo, e non certo dei minori, della storia dello spirito umano» (*Souvenirs d'apprentissage*, cit., pp. 52 e 53; trad. it. cit., pp. 47 e 48).

41. Girard Desargues (1591-1661), ingegnere e architetto militare francese, fondatore della geometria proiettiva.

42. Jean Cavaillès (1903-1944), filosofo e logico, combattente della Resistenza francese, che Simone Weil conobbe all'École Normale Supérieure e che rivide a Londra, dove egli soggiornò fra metà febbraio e metà aprile circa del 1943 (SP II, p. 485).

43. Karl Friedrich Gauss (1777-1855), matematico, fisico, astronomo e geodeta tedesco, considerato il precursore della geometria non euclidea, al quale si deve fra l'altro il primo trattato moderno di teoria dei numeri, le *Disquisitiones arithmeticae* (1801), su cui si veda sopra, pp. 43 sgg.; Niels Henrik Abel (1802-1829), matematico norvegese, ha dato un contributo determinante allo sviluppo della matematica moderna grazie ai risultati delle sue ricerche sugli integrali di funzioni algebriche irrazionali, detti poi abeliani; Karl Gustav Jacobi (1804-1851), matematico tedesco, fondatore insieme a Abel della teoria delle funzioni ellittiche; Leonhard Euler, noto come Eulero (1707-1783), matematico, fisico e filosofo naturale svizzero, la cui amplissima produzione (intorno alle novecento opere) riguarda studi matematici in quasi tutte le branche della scienza; Giuseppe Luigi Lagrange (1736-1813), matematico italiano attivo a Berlino e a Parigi, autore del trattato *Mécanique analytique* (1788), che avrebbe influenzato generazioni di studiosi, e della *Théorie des*

fonctions analytiques (1797), dove pose le basi per il calcolo differenziale e integrale.

44. I due ultimi paragrafi sono riprodotti in André Weil, *Oeuvres Scientifiques. Collected Papers*, cit., vol. I, p. 255.

45. Apollonio di Perga (262 ca.-180 ca. a.C.), matematico e astronomo greco, detto il Grande Geometra, espose in otto libri i suoi studi sulle sezioni coniche.

46. Si veda sopra, Lettera 4, pp. 24-25, e Lettera 6, p. 36.

47. Sulla questione dell'incommensurabilità, centrale nella corrispondenza fra sorella e fratello, cfr. sopra, Lettera 4, pp. 24-25; Lettera 6, pp. 33 sgg.; Lettera 8, pp. 70 e 73; Lettera 9, pp. 76 sgg.; Lettera 10, pp. 86 sgg.; Appendice, pp. 105-106.

48. André Weil aveva cominciato a studiare il sanscrito giovanissimo, e lesse in originale la *Bhagavadgītā* negli anni dell'École Normale (1922-1925; cfr. *Souvenirs d'apprentissage*, cit., pp. 24, 31, 40-41; trad. it. cit., pp. 15-16, 24 e 33); Simone Weil si accostò al poema sacro dell'India antica nella «primavera del 1940», come scrisse a padre Perrin (1905-2002) nell'«Autobiographie spirituelle» (14 o 15 maggio 1942), in AD, p. 46 (trad. it., p. 31); all'inizio del 1941, grazie all'incontro a Marsiglia con René Daumal (1908-1944), studioso della filosofia indù, ne intraprese la lettura in sanscrito.

49. Nell'originale, probabilmente per celia, «*hhaffectionné*».

50. Potrebbe trattarsi dell'avvocato di André scelto dai genitori (SP II, p. 254; trad. it., p. 478), ma il suo nome di battesimo era Edmond (OC VI/3, p. 447 nota; *Souvenirs d'apprentissage*, cit., p. 147; trad. it. cit., p. 161).

51. Viggo Brun (1885-1978), matematico norvegese,

ha apportato notevoli contributi alla teoria dei numeri.

52. Marius Sophus Lie (1842-1899), noto per l'elaborazione della teoria dei gruppi continui di trasformazione, nella quale introdusse il cosiddetto «anello di Lie», dando quindi luogo alle «geometrie di Lie».

53. Secondo i curatori della *Correspondance familiale* (OC VII/1, p. 442) le molteplici allusioni alla lettera del fratello del 29 febbraio (Lettera 3) permetterebbero di datare la minuta all'inizio di marzo del 1940, e di considerarla come una prima versione della Lettera 6 (pp. 30 sgg.).

54. «L'assenza di algebra nella scienza greca non deve indurci a credere che essi ignorassero ciò che per noi costituisce lo strumento per eccellenza della ricerca scientifica; è difficilmente ipotizzabile che i Greci non abbiano conosciuto l'algebra insegnata quattromila anni or sono agli scolari babilonesi, e che comportava la risoluzione di equazioni numeriche di secondo, quarto e anche di terzo grado» (*Rêverie à propos de la science grecque*, cit., p. 264; cfr. trad. it. cit., p. 3; ora in OC IV/1, p. 488). Su Apollonio, si veda qui sopra, nota 45.

55. Riguardo ai viaggi attribuiti al matematico e filosofo ionico si dispone, come è noto, non di una dossografia sicura, ma di notizie più o meno leggendarie tramandate soprattutto dai neoplatonici del III-IV secolo Giamblico e Porfirio, che a loro volta le avevano ricavate dai neopitagorici del I e II secolo (in particolare Apollonio di Tiana e Nicomaco di Gerasa).

56. Il periodo, scritto a margine, è collegato con un asterisco a «differenza» che chiude quello precedente.

57. Si veda Giorgio Colli, *La sapienza greca*, Adelphi, Milano, vol. II, 1978, frammenti 10 [B 1] 27 e 10 [B

10] a e b. Sull'importanza della scoperta di Talete, si veda *La science et nous*, cit., pp. 144-45 (trad. it., pp. 120-21); ora in OC IV/1, p. 155; e *Esquisse d'une histoire de la science grecque* (1942), in OC IV/2, pp. 294-95 (trad. it. in RG, pp. 317-18). Cfr. anche il progetto di articolo redatto da Simone Weil durante il suo primo anno d'insegnamento a Le Puy o immediatamente dopo, durante le vacanze estive, *L'enseignement des mathématiques*, cit., p. 108 (trad. it., p. 91); ora in OC IV/1, p. 434.

58. 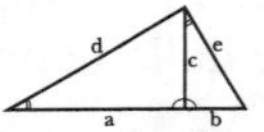

La similitudine dei tre triangoli della quale parla Simone Weil implica le due proporzioni $\frac{a}{d}=\frac{d}{a+b}$ e $\frac{b}{e}=\frac{e}{a+b}$, donde segue che $e^2+d^2=(a+b)^2$, ovvero il teorema di Pitagora.

59. Diverse fonti dell'antichità greca ed ellenistica, a partire da Ippocrate di Chio (vissuto attorno alla seconda metà del V secolo a.C.), danno testimonianza della ricerca di soluzioni al problema della duplicazione del cubo; riguardo alla sua origine, il matematico e filosofo Teone di Smirne (I-II secolo) nella sua opera *Expositio rerum mathematicarum ad legendum Platonem utilium* tramanda che l'oracolo di Apollo a Delfi, interrogato dai Deli colpiti da una grave pestilenza, rispose che per placare l'ira degli dèi avrebbero dovuto raddoppiare il volume dell'altare del suo tempio perfettamente cubico; si trattava dunque, data la misura del lato *a* di un cubo, di risolvere l'equazione $x^3 = 2a^3$, vale a dire estrarre la radice cubica di 2, operazione che i Greci non sapevano fare (su questo problema, e sugli elementi più o meno leggendari che lo accompagnano, cfr. anche Plutarco, *De genio Socratis*, c. 7, 579 B-D; *De E apud Delphos*, c. 6, 386 E; *Quaestiones Convivales*, VIII, 718 E s.; e la lettera di Eratostene al re Tolomeo

riportata da Eutocio nel suo commento all'opera di Archimede, per la quale si rimanda a Paolo Zellini, *Numero e logos*, Adelphi, Milano, 2010, p. 195 (Archimède, *Commentaires d'Eutocius. Fragments*, in *Oeuvres*, a cura di C. Mugler, 4 voll., Les Belles Lettres, Paris, vol. IV, 1972, p. 67).

60. Su questa pagina della lettera Simone Weil, nel tentativo di riformulare la soluzione di Menecmo (si veda qui sotto, nota 62), ha tracciato trasversalmente alcuni calcoli qui non riprodotti, perché ritenuti privi d'interesse; cfr. OC VII/1 (p. 445, nota 2).

61. Notizie relative alla vita e alla dottrina di Archita di Taranto (435 ca.-347 ca. a.C.), ultimo dei grandi pitagorici, contemporaneo di Platone, si trovano in *I Presocratici*, a cura di Giovanni Reale, ediz. riveduta e corretta, Bompiani, Milano, 2012, frammenti 47 [A] e [B] e in particolare, riguardo alla ricerca di due medie proporzionali fra due rette date, il fr. 47 [A 14]; cfr. anche T.L. Heath, *A History of Greek Mathematics*, Clarendon Press, Oxford, 1921, vol. I: *From Thales to Euclid*, pp. 246-47. Con « toro » si indica una superficie geometrica ottenuta facendo ruotare una circonferenza intorno a un asse ad essa complanare ma esterno; la si può ricavare anche piegando un cilindro in modo da metterne in contatto le due circonferenze opposte. Su Archita, si veda anche sopra, pp. 34-35.

62. Sulla scoperta delle coniche ad opera di Menecmo (375 ca.- 325 ca.), matematico greco, allievo di Eudosso di Cnido, uno dei massimi scienziati dell'antichità (sul quale cfr. sopra, p. 24, e qui sotto, nota 66), si veda Proclo, ediz. Friedlein, p. 111 (*Procli Diadochi in primum Euclidis elementorum librum commentarii*, ex recognitione Godofredi Friedlein, Lipsiae, in aedibus B.G. Teubneri, 1873). Si veda anche *Esquisse d'une histoire de la science grecque*, cit., p. 296 (trad. it. cit., p. 320), e, sopra, pp. 34-35 e 67-68.

63. La media proporzionale fra una quantità fissa *a* e una quantità variabile *y* è la quantità *x* tale che $a/x = x/y$, donde segue che $y = x^2/a$, vale a dire l'equazione di una parabola.

64. Dell'asserzione del fratello (sulla quale si veda sopra, p. 20) Simone Weil serberà memoria in un'annotazione del suo ultimo anno di vita: «... la scoperta degli incommensurabili non è stata affatto una sconfitta per i Pitagorici, come ingenuamente si crede, bensì il loro più meraviglioso trionfo» (*Notes de Londres,* 1943, in OC IV/2, p. 327; trad. it. in RG, p. 331). Diverse testimonianze documentano che presso i Greci la scoperta dell'incommensurabilità avrebbe determinato uno «scandalo logico» (celeberrima espressione di Paul Tannery, *De la solution géométrique des problèmes du second degré avant Euclide,* in «Mémoires de la Société des sciences physiques et naturelles de Bordeaux», 2e série, IV, 1882, p. 406, ora in *Mémoires Scientifiques,* a cura di J.-L. Heiberg e H.-G. Zeuthen, 17 voll., Gauthiers-Villars, Paris-Toulouse, 1912-1950, vol. I: *Sciences exactes dans l'Antiquité* (*1876-1883*), 1912, p. 268), o avrebbe dato luogo a un tradimento del segreto da parte di un pitagorico che sarebbe stato punito con la morte durante un naufragio (si veda sopra, p. 36, e qui sotto, nota 105), procurando al pensiero le vertigini (cfr. Jean-Luc Perillié, *La découverte des incommensurables et le vertige de l'infini,* in «Cahiers Philosophiques», 91, giugno 2002, p. 24). Sulla lettura dei testi pitagorici da parte di Simone Weil, si legga J.-L. Perillié, «Avant-propos aux "pages pythagoriciennes"», in OC IV/2, pp. 64-72; sullo scandalo suscitato dalla scoperta, cfr. sopra, pp. 78 sgg., 87-88, 90, e, più in generale, intorno al «dramma degli incommensurabili», sopra, pp. 20, 36-37, 73, 78-79.

65. Dividere un segmento in media ed estrema ragione equivale a trovarne una parte (media ragione o, come

sarà chiamata in seguito, sezione aurea) che sia media proporzionale tra il segmento intero e la parte rimanente (estrema ragione). Dato un segmento AB, si tratta dunque di trovare fra le estremità A e B un punto C tale che AB/AC = AC/CB. Si può notare che per C così definito AB/AC è uguale al numero aureo, $\frac{1+\sqrt{5}}{2}$, che è un incommensurabile. Nel pentagono stellato 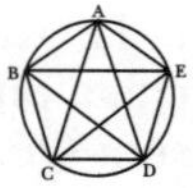

un rapporto quale AC/CD è uguale al numero aureo.

66. Eudosso di Cnido (408 o 406-355 a.C.), geometra e astronomo greco alla cui opera avrebbe attinto Euclide per il contenuto del quinto libro dei suoi *Elementi* – composti ad Alessandria intorno al 300 a.C. –, nel quale viene esposta la teoria generale delle proporzioni tra grandezze, e che «presenta, in forma perfettamente compiuta, ciò che oggi si chiama teoria del numero reale ... L'essenziale di questa teoria è una definizione semplice, una definizione della proporzione per mezzo delle nozioni di maggiore e di minore» (*Esquisse d'une histoire de la science grecque*, cit., p. 296; trad. it. cit., p. 319). Si veda anche sopra, pp. 37, 38, 71, 79, 86, 106.

67. Cfr. Aristotele, *Metafisica*, A, 6, 987 b 10-12: «... i Pitagorici dicono che gli esseri sussistono per "imitazione" dei numeri; Platone dice, invece, per "partecipazione" [alle Idee]» (trad. it. di Giovanni Reale, Bompiani, Milano, 2014^3, p. 35). Cfr. anche *Notes de Londres*, cit., p. 327 (trad. it. cit., p. 331).

68. Di ἀμύητοι («non iniziati») si parla in tre dialoghi platonici: *Gorgia*, 493 b; *Fedone*, 69 c; *Teeteto*, 155 e.

69. Su Neugebauer, si veda sopra, pp. 14 e 15, e qui sopra, note 22 e 23.

70. Si leggano al riguardo le acute considerazioni di

Roberto Calasso, *Il Cacciatore Celeste*, Adelphi, Milano, 2016, pp. 269-70.

71. Simone Weil scelse la locuzione «Il dio è perpetuamente geometra», attribuita a Platone da Plutarco (*Quaestiones Convivales*, VIII, 2), come esergo al suo *diplôme*, la tesi preparata nel corso dell'anno accademico 1929-1930, *Science et perception dans Descartes* (1930), in S, p. 11 (trad. it., p. 9); ora in OC I, p. 161. Nei suoi scritti è citata più volte, e appare, in greco, sulla copertina dei suoi Quaderni I-IV (OC VI/1, pp. 68, 219, 288, e OC VI/2, p. 59). Si veda anche *La science et nous*, cit., p. 123 (trad. it. cit., p. 103); ora in OC IV/1, p. 141.

72. Riguardo alla critica di Simone Weil nei confronti dell'algebra, si veda il saggio del 1934, *Réflexions sur les causes de la liberté et de l'oppression sociale*, in OL, pp. 124-25 (trad. it., pp. 88-89); ora in OC II/2, pp. 80-81; la lettera del 1936 al tecnico francese Robert Guihéneuf, detto Yvon (1899-1986), in CSW, XXI, 1-2, giugno 1998, pp. 8 sgg. e 19; l'articolo *Réflexions à propos de la théorie des quanta* (novembre 1941), in S, pp. 194 sgg. (trad. it., pp. 160 sgg.); ora in OC IV/1, pp. 200-201. Cfr. anche il lemma «algebra» dell'Indice III, in Q IV, p. 494.

73. Con «assiomatica» in Archimede Simone Weil indica il procedimento atto a ridurre al minimo il numero delle proposizioni che esprimono una idealizzazione, permettendo così di lavorare su figure che sono «disegni tridimensionali» di leve reali, al fine per esempio di costruire una statica, una meccanica e una teoria dell'equilibrio dei corpi galleggianti. Sull'importanza da lei attribuita a questa nozione di assiomatica nella sua riflessione sulle scienze, si veda l'«Introduction» di Robert Chenavier alla seconda sezione, «Sciences», in OC IV/1, pp. 105-15. Si veda anche sopra, Lettera 6, p. 41.

74. Si leggano le due annotazioni presenti nel Quader-

no III: « L'assiomatica dei matematici moderni: che cosa vogliono? Fanno delle matematiche senza conoscerne l'uso »; « Se i Greci erano così attaccati alla geometria, non è perché essi pensavano *tracciando le linee, senza parole*? E tuttavia (o proprio per questo?) assiomatica perfetta » (OC VI/1, pp. 308 e 311; Q I, pp. 246 e 248).

75. A proposito del senso da attribuire all'« arte matematica », si veda OC VI/1, p. 233 (Q I, p. 200); cfr. anche sopra, pp. 18-19, 40-41 e 72.

76. Lezione base cassata: « patria ». Cfr. Marco Aurelio, IV, 4.

77. Anche in uno dei suoi quaderni inediti, *Cahier inédit I* (Ki1; ms. 58 e ms. 44), Simone Weil scrive che « ripensare la scienza » è un « compito formidabile », e che « *il valore della scienza non è un valore cognitivo* – non è neppure un valore pratico. È estetico » (OC VI/1, pp. 180 e 167), annotazione che viene così commentata da Catherine Chevalley: « Il valore della scienza non risiede nell'astrazione dei segni e nella potenza, ma nella percezione rinnovata che essa ci dà del mondo » (*Simone Weil et la science: « refuser la puissance »*, in *Simone Weil. Sagesse et grâce violente*, a cura di Florence de Lussy, Bayard, Paris, 2009, pp. 119-20).

78. Si veda quanto le scriverà André a questo proposito, sopra, Lettera 7, p. 72. Sulla necessità di un « lavoro di ricapitolazione e di revisione », e più in generale sulla questione capitale di rendere intelligibile la scienza, si leggano in particolare *La science et nous*, cit., pp. 121-76 (trad. it. cit., pp. 101-46); ora in OC IV/1, pp. 139-82; e *Réflexions à propos de la théorie des quanta*, cit., pp. 187-209 (trad. it. cit., pp. 155-73); ora in OC IV/1, pp. 196-210. Circa la distanza di Simone Weil dal gruppo Bourbaki, cfr. anche Angela Putino, *Simone Weil. Un'intima estraneità*, Città Aperta, Troina, 2006, pp. 58-63.

79. Cfr. *Du fondement d'une science nouvelle* (agosto 1941),

in S, p. 278 (trad. it., pp. 225-26); ora in OC IV/1, p. 185.

80. Lettera non firmata.

81. La lettera, non datata, potrebbe essere stata scritta nel marzo del 1940.

82. Si veda sopra, p. 18.

83. Su Élie Cartan e su suo figlio, si veda qui sopra, note 34 e 35.

84. Simone Weil aveva suggerito di sostituire a « *cellule* » (« cella ») « *retraite* » (« rifugio, luogo di ritiro »), termine che poi sarebbe stato accolto nella stesura definitiva dell'epistola dedicatoria.

85. La lettera, che è da considerarsi come la stesura definitiva della minuta data sopra (Lettera 4, pp. 22 sgg.), potrebbe essere stata scritta nel marzo del 1940.

86. Il riferimento è all'espressione « *quelque inquiétude* », presente nell'epistola dedicatoria a Élie Cartan, che alla fine sarebbe stata corretta in « *de l'inquiétude* » (« dell'inquietudine »).

87. Su Paul Valéry, che Simone Weil non esitava a chiamare « il nostro più grande poeta » senza neppure nominarlo – in *Quelques réflexions sur les origines de l'hitlérisme*, cit., p. 55 (trad. it. cit., p. 271); ora in OC II/3, p. 214 –, e sulla lettura dei suoi testi da parte della filosofa, si veda il saggio di Florence de Lussy, *Paul Valéry et Simone Weil. Deux natures mystiques. Deux pensées antithétiques*, in CSW, XVII, 4, dicembre 1994, pp. 407-29.

88. Si tratta di Retz, sul quale si veda qui sopra, nota 16, e sopra, p. 103. È probabile che la prima parte del testo (fino a p. 33, là dove si chiude l'elogio di Théophile de Viau) sia una risposta a una lettera di André andata perduta, oppure faccia seguito a un colloquio di Simone Weil con il fratello, dato che questi il 30 marzo scri-

verà alla moglie: «Continuo sempre la lettura del cardinale ... può essere anche simpatico, ma non si combina niente di grande con una mente così contorta. Ho fatto inorridire mia sorella quando le ho domandato se fosse originario di Napoli; sembra invece che i Gondi venissero da Firenze. Non possiede però lo spirito fiorentino, che è semplice e grande. Rimango dell'idea che nelle vene debba aver avuto sangue meridionale (intendo dell'Italia del Sud, ovviamente)» (*Souvenirs d'apprentissage*, cit., p. 152; trad. it. cit., pp. 166-67).

89. Ferdinando Galiani (1728-1787), economista e letterato italiano, fu segretario per circa un decennio dell'ambasciata del Regno di Napoli a Parigi, dove frequentò i salotti letterari, e in particolare quello che si teneva nella dimora parigina di Madame d'Épinay, alla quale si legò con vincoli di stretta amicizia (cfr. Louise d'Épinay-Ferdinando Galiani, *Epistolario. 1769-1772*, 2 voll., a cura di Stefano Rapisarda, Sellerio, Palermo, 1996). Il giudizio di André Weil sull'abate è decisamente diverso da quello della sorella: si veda sopra, Lettera 7, p. 64.

90. Louise-Florence-Petronille Tardieu d'Esclavelles, detta Madame d'Épinay (1726-1783), autrice di un'autobiografia in forma di romanzo (*Mémoires de madame d'Épinay*), di un trattato pedagogico (*Conversations d'Émilie*) e di una fitta corrispondenza con i maggiori intellettuali dell'epoca.

91. Si veda a questo proposito il testo di Simone Weil, scritto a Londra nel 1943, *Note sur la suppression générale des partis politiques* (EL, pp. 126-48; trad. it. di Giancarlo Gaeta, *Nota sulla soppressione dei partiti politici*, in «Diario», IV, 6, giugno 1988, pp. 3-20).

92. Simone Weil attribuisce a Richelieu l'invenzione dell'idea dello Stato centralizzato, una «macchina anonima, cieca, produttrice di ordine e di potenza», e

coglie come tratto precipuo della sua condotta politica il «miscuglio» fra «il disprezzo esplicito di ogni morale» e «il sacrificio di sé stessi che normalmente accompagna la virtù» (*Quelques réflexions sur les origines de l'hitlérisme*, cit., pp. 16-17; trad. it. cit., pp. 206-208; ora in OC II/3, pp. 173-74). Si veda anche un ulteriore puntuale ritratto nella sezione dedicata a «Déracinement et nation» in E, pp. 81-82 (trad. it., pp. 109 sgg.); ora in OC V/2, pp. 205 sgg.

93. Di Racine Simone Weil ammirava però solo quelle opere a suo giudizio di prim'ordine, quali *Phèdre* e i *Cantiques spirituels*: si veda ad esempio E, p. 155 (trad. it., p. 212); ora in OC V/2, p. 301. Cfr. anche Gilbert Kahn, *Les critères d'appréciation de Simone Weil concernant la littérature et les arts plastiques*, in CSW, XVI, 1, marzo 1993, pp. 31-36.

94. Un giudizio ancor più drastico su Corneille si trova in E, pp. 82 e 97-98 (trad. it., pp. 110 e 132-33); ora in OC V/2, pp. 206 e 228.

95. Théophile de Viau (1590-1626), poeta e drammaturgo francese, autore della tragedia pastorale *Pyrame et Thisbé* (1621), del *Traité de l'immortalité de l'âme* (1621), parafrasi in prosa e versi del *Fedone* di Platone, e della raccolta di componimenti poetici *Le Parnasse satyrique* (1622), a causa della quale venne arrestato e rischiò una condanna a morte per ateismo (cfr. SP II, pp. 228-29; trad. it., pp. 456-57).

96. «Gli astri la cui benevolenza / Si accresce mercé del tuo valore / Si dispongono ad accoglierti; / Già ti avvolge il loro splendore; / Dio come fiori viene a coglierli / Per donartene una corona / Che giammai potrà sfiorire» (Théophile de Viau, *Au prince d'Orange*, in *Oeuvres complètes*, P. Jannet, Paris, 1855-1856, vol. I, p. 156).

97. «La campagna era a fuoco / L'aria gonfia di strepito e fumo, / E il cielo confuso dai nostri dibattimenti,

/ Il giorno triste della nostra gloria, / E il sangue arrossò la Loira / Per la vergogna dei vostri combattimenti» (Théophile de Viau, *Sur la paix de l'année 1620*, in *op. cit.*, vol. I, p. 145).

98. «Sentii il mio sangue gelare / E come intorno a me alitare / L'ombra del mio futuro dolore» (Théophile de Viau, *La Maison de Sylvie*, in *op. cit.*, vol. II, p. 207).

99. Da una lettera di Théophile de Viau allo scrittore Jen-Louis Guez de Balzac (1595-1654), suo compagno d'università a Leyda (*Lettre contre Balzac*, in *op. cit.*, vol. I, p. 288).

100. Anche in una lettera scritta intorno al 1938 o 1939, probabilmente a Edoardo Volterra (1904-1984), figlio del matematico Vito (1860-1940), Simone Weil individuava nella singolare assenza di viltà d'animo di Théophile de Viau la causa della sua mancata consegna alla posterità («Ébauches de lettres», in EHP, p. 111; Bibliothèque Nationale de France, Fonds Simone Weil, «Correspondance générale», f. 136), e nell'*Enracinement* ribadirà: «... è morto prematuramente per i postumi di una carcerazione arbitraria, mentre Corneille è vissuto fino a tarda età» (E, p. 82; trad. it., p. 110; ora in OC V/2, p. 206).

101. Su François Villon, Maurice Scève, Théophile de Viau, Racine e altri «spiriti di prim'ordine che non sono stati né servitori né adoratori della forza», e più in generale sui rapporti fra il genio e la sensibilità morale, si veda *Quelques réflexions sur les origines de l'hitlérisme*, cit., p. 54 (trad. it. cit., pp. 268-69); ora in OC II/3, p. 213; *Lettre aux «Cahiers du Sud» sur la responsabilité de la littérature* (primavera 1941), in OC IV/1, p. 72 (trad. it. *Sulle responsabilità della letteratura*, in *Versi e prosa*, a cura di Adriano Marchetti, Pazzini, Villa Verucchio, 2014, pp. 79-80); *Morale et littérature* (fine 1941-inizio 1942), in OC IV/1, p. 93 (trad. it. *Morale e letteratura*, in *Versi e*

prosa, cit., pp. 84 sgg.); E, pp. 154 sgg. (trad. it., pp. 210 sgg.); ora in OC V/2, pp. 298 sgg.

102. Il testo che segue, a partire da questo capoverso e sino alla fine (eccetto l'ultimo paragrafo, pp. 41-42), si può considerare uno sviluppo delle idee tracciate da Simone Weil nella minuta; vi ritroviamo molte delle argomentazioni lì presenti (sopra, pp. 22 sgg.), seppure con sfumature e accenti diversi tutt'altro che trascurabili; si eviterà tuttavia di appesantire l'apparato con continui riferimenti alle pagine precedenti, e ci si limiterà ai rimandi strettamente necessari.

103. Sul rapporto dei Greci con la geometria e l'algebra nella visione di Simone Weil, si veda in particolare il Quaderno III, in OC VI/1, pp. 310 sgg. (Q I, pp. 248 sgg.).

104. Sulla nozione di funzione, si veda il Quaderno V, in OC VI/2, p. 209 (Q II, p. 54); «À propos de la doctrine pythagoricienne», cit., pp. 259 e 274 (trad. it. cit., pp. 271 e 289-90); *Esquisse d'une histoire de la science grecque*, cit., p. 296 (trad. it. cit., p. 320).

105. Secondo quanto tramanda il neoplatonico Giamblico (*De vita Pythagorica*, 88, 246, 247).

106. Il periodo che segue è collegato con un asterisco a «Magna Grecia».

107. Simone Weil cita di frequente la formula pitagorica estratta dai *Magna Moralia*, I, 1, 1182 a (Fr. 58 B 4 DK, 4ª ediz. Diels, 1922, vol. I, p. 452, rr. 22-23), da lei tradotta talora «La giustizia è un numero ugualmente uguale», talora «La giustizia è un numero alla seconda potenza» oppure «La giustizia è un quadrato»; si veda *Dieu dans Platon* (inizio febbraio-marzo 1942), in OC IV/2, p. 104 (trad. it. in RG, p. 121); «À propos de la doctrine pythagoricienne», cit., p. 256 (trad. it. cit., p. 266); cfr. anche OC VI/2, p. 474 (Q II, p. 310) e OC

VI/3, pp. 145, 208 e 331 (Q III, pp. 141, 208 e 334). Cfr. anche, sopra, pp. 81 e 95-96.

108. « I Greci per primi, stando a quello che possiamo sapere, portarono la matematica fuori dell'ambito dei numeri propriamente detti. Lo fecero così bene da dare l'impressione di non avere l'algebra fino a Diofanto ... Come sapere quale ispirazione abbia fatto loro compiere quel progresso? L'interesse per la proporzione, preoccupazione così evidente nella loro arte, sembra esser stato costantemente il movente della loro ricerca matematica » (*À propos d'un livre de Planck*, cit., p. 492).

109. Per la citazione completa dal *Filebo* e un più ampio commento, si veda sopra, pp. 83-84, 93-94 e 110-11.

110. Celebre formula attribuita a Platone e tramandata da Giovanni Filopono e Elia, due filosofi neoplatonici alessandrini del VI secolo, nei loro commenti ad Aristotele, e da Giovanni Tzètze, un erudito bizantino del XII secolo. Simone Weil l'aveva fatta scrivere sulla porta della sua aula durante l'anno di insegnamento a Roanne (SP I, p. 360; trad. it., p. 237).

111. Si veda sopra, pp. 15 e 27, e qui sopra, note 24 e 71. Per una « nuova interpretazione » delle due formule citate, si rimanda a OC VI/3, p. 71 (Q III, p. 51), dove sono accostate al Vangelo di Giovanni.

112. Si vedano i frammenti orfici citati e commentati da Simone Weil in *Dieu dans Platon*, cit., pp. 76 e 129 (trad. it. cit., pp. 87 e 149-50).

113. Si veda *Esquisse d'une histoire de la science grecque*, cit., p. 294 (trad. it. cit., p. 317); cfr. anche sopra, pp. 22-23, e qui sopra, nota 57.

114. Sulla nozione di proporzione, si veda « À propos de la doctrine pythagoricienne », cit., pp. 256 sgg. (trad. it. cit., pp. 266 sgg.); i Quaderni V, X e XV, rispettivamente in OC VI/2, p. 209 (Q II, p. 54), OC

VI/3, p. 303 (Q III, p. 310) e OC VI/4, p. 224 (Q IV, p. 221). Sul legame stabilito da Simone Weil fra proporzione e purificazione, si vedano anche, sopra, Lettera 8 di André, p. 74, e Lettere 9 e 10 di Simone, pp. 81-82 e 94-95.

115. Si veda sopra, pp. 27-28, e qui sopra, nota 76.

116. «La matematica presenta il mistero della persuasione esercitata dal bene sulla necessità ... *La presenza nel mondo sensibile della necessità matematica proporzionata ai limiti del nostro spirito è armonia e mistero. La presenza di conformità nella necessità matematica è armonia e mistero di secondo grado* ... Rispetto al bello, la necessità sostituisce, in matematica, la materia. Ma nell'arte la materia è solo il supporto della necessità, che è completata dalle regole ... Il bello è sempre innanzitutto concordanza dell'armonia e della necessità, senza che vi sia alcun intervento dell'una nell'ambito dell'altra» (OC VI/3, pp. 213-14; Q III, pp. 215-16).

117. A giudizio di Simone Weil gli antichi Greci «si sentirono autorizzati a vedervi [nella matematica] una rivelazione», giacché essa ha «il grado intermedio di certezza, il grado intermedio d'inconcepibilità. Racchiude la sintesi della necessità che governa le cose sensibili e le immagini delle verità divine. Ha infine come fulcro la nozione stessa di mediazione ... L'esigenza di rigore perfetto che albergava nei geometri greci è sparita con loro, e da cinquant'anni soltanto i matematici vi tornano. Per costoro, ancora oggi non è altro che un ideale analogo a quello dell'arte per l'arte dei poeti parnassiani» («À propos de la doctrine pythagoricienne», cit., p. 261; trad. it. cit., p. 273).

118. Charles Autran, *Homère et les origines sacerdotales de l'épopée grecque*, 3 voll., Denoël, Paris, 1938-1943. Circa l'influenza che la lettura delle opere di Autran (1879-1952), ricercatore presso l'Institut français d'archéolo-

gie orientale del Cairo, ebbe su Simone Weil, si veda l'«Introduction» di Robert Chenavier alla sezione III, «Religion», in OC IV/1, pp. 240-41. Cfr. anche il Quaderno X (OC VI/3, p. 284; Q III, p. 288) e la lettera da Marsiglia del febbraio 1941 a Boris Souvarine (1895-1984), in CSW, XV, 1, marzo 1992, p. 18.

119. Si rimanda allo scritto di Marsiglia, *Les trois fils de Noé et l'histoire de la civilisation méditerranéenne* (1942), in AD, pp. 229-30 e 232 (trad. it., pp. 203-204 e 206); ora in OC IV/1, pp. 376 e 378.

120. Si veda al riguardo *ibid.*, pp. 242-43 (trad. it., pp. 213-14); ora in OC IV/1, pp. 383-84; si veda anche la lettera scritta al fratello da Le Poët (dipartimento delle Alte Alpi) fra il 10 e il 20 settembre 1941 (OC VII/1, p. 498). Cfr. anche l'«Introduction» di Silvia D'Intino alla sezione II, «Le domaine indien», in OC IV/2, pp. 351-52.

121. Il testo della lettera di sedici pagine, apparso con poche varianti e qualche commento di André Weil nelle sue *Oeuvres Scientifiques. Collected Papers*, cit., vol. I, pp. 244-55, riproduce qui la versione manoscritta quale la ricevette Simone Weil (cfr. il commento dei curatori francesi, in OC VII/1, p. 535).

122. Si veda sopra, Lettera 1 e Lettera 2, pp. 11 e 13-14.

123. Il termine «lautmanismo» rimanda a Albert Lautman (1908-1944), filosofo della matematica francese che combatté nella Resistenza e morì fucilato dai nazisti. Cfr. il suo volume di saggi filosofici, *Nouvelles recherches sur la structure dialectique des mathématiques*, Hermann, Paris, 1939, e in questa lettera si veda il secco giudizio dato su di lui da André Weil, che fra l'altro trovava certe sue concezioni troppo «platoniche» (sopra, pp. 63-64). Le due frasi che contengono

il riferimento al filosofo (qui e sotto) non compaiono in *Oeuvres Scientifiques. Collected Papers*, cit., vol. I.

124. Il « theorema aureum » fu dimostrato da Gauss nel 1796, quando aveva diciannove anni, e da lui pubblicato nelle *Disquisitiones arithmeticae* nel 1801, mentre il « theorema egregium » (un risultato di geometria differenziale) apparirà nel 1828 nelle *Disquisitiones generales circa superficies curvas*. Su Gauss, si veda anche qui sopra, nota 43.

125. Peter Gustav Lejeune Dirichlet (1805-1859), matematico tedesco, fu allievo di Gauss e di Jacobi; le sue lezioni sulla teoria dei numeri furono pubblicate postume a cura e con supplementi di Richard Dedekind in diverse edizioni (*Vorlesungen über Zahlentheorie*, Vieweig, Braunschweig, 1863, 1871^{2}, 1879^{3}, 1893^{4}), sulle quali si veda sopra, pp. 55-56; su Dedekind, si veda qui sotto, nota 137. Su Abel e Jacobi, si veda qui sopra, nota 43.

126. Adrien-Marie Legendre (1752-1833), matematico francese, completò in teoria dei numeri i lavori di Eulero e Lagrange, di cui fu discepolo. Su Eulero e Lagrange, si veda qui sopra, nota 43.

127. Probabile aggiunta di André Weil. Il titolo dell'opera di Legendre alla quale fa riferimento è molto probabilmente *Essai sur la théorie des nombres*, Duprat, Paris, 1798.

128. Jules-Henri Poincaré (1854-1912), matematico, fisico ed epistemologo francese, la cui prodigiosa attività in molteplici campi della matematica pura e applicata è testimoniata da più di trenta volumi di scritti e quasi cinquecento fra articoli e memorie.

129. Gerolamo Cardano (1501-1576), matematico, filosofo, medico, noto anche per la disputa intorno alla formula risolutiva dell'equazione di terzo grado sostenuta con il matematico Niccolò Tartaglia (1499 ca.-

1557), primo traduttore italiano degli *Elementi* di Euclide (1543).

130. Probabile aggiunta di André Weil.

131. Su Diofanto, si veda sopra, Lettera 2, p. 16; Lettera 4, p. 26; Lettera 6, p. 40; e qui sopra, nota 26.

132. Pierre de Fermat (1601-1665), magistrato e matematico dilettante, è famoso soprattutto in quanto precursore del calcolo differenziale e per i suoi studi sul calcolo delle probabilità, e in particolare per il cosiddetto «grande teorema», che annotò in margine a un'edizione di Diofanto, e che sarà dimostrato più di tre secoli dopo la sua enunciazione.

133. Nelle *Oeuvres Scientifiques. Collected Papers*, cit., vol. I, p. 245, in luogo di «essendo tutti gli altri non-residui» compare «; per gli altri *m* non è residuo».

134. Évariste Galois (1811-1832), matematico francese e fervente repubblicano, morto giovanissimo in seguito a una ferita riportata in duello. La «teoria di Galois», esposta nel *Mémoire sur les conditions de résolubilité des équations par radicaux* (1830-1832), è all'origine dell'algebra moderna.

135. Jean-Robert Argand (1768-1822), matematico svizzero dilettante, autore di un *Essai sur une manière de représenter les quantités imaginaires dans les constructions géométriques* (1806) in cui si rappresentano i numeri complessi su un piano, denominato piano di Argand-Gauss.

136. Ernst Eduard Kummer (1810-1893), matematico tedesco, docente di matematica all'Università di Breslavia e poi di Berlino. Su Fermat, si veda qui sopra, nota 132.

137. Julius Wilhelm Richard Dedekind (1831-1916), matematico tedesco, allievo di Gauss e di Dirichlet,

laureatosi a Gottinga nel 1854, insegnò nel Politecnico di Zurigo (1858) e poi in quello di Brunswick, sua città natale (dal 1862 al 1894); a lui si deve la sistemazione definitiva della teoria dei numeri irrazionali. Leopold Kronecker (1823-1891), matematico tedesco, allievo di Kummer al ginnasio e di Dirichlet e Jacobi all'università, è considerato uno dei grandi algebristi della seconda metà del XIX secolo. David Hilbert (1862-1943), matematico tedesco, eminente studioso fra l'altro delle forme algebriche, della teoria algebrica dei numeri e dei fondamenti della geometria e della matematica; a lui si attribuisce la fondazione della geometria assiomatica, e al suo metodo, esposto in *Axiomatisches Denken* (1918), si ispirò il gruppo Bourbaki. Emil Artin (1898-1962), matematico austriaco, noto per i significativi contributi alla teoria algebrica dei numeri, in parte citati da André Weil in questa lettera.

138. « una o più » cassato.

139. Con il termine lemniscata (« nastro a nodo ») si indicano vari tipi di curve.

140. Georg Friedrich Bernhard Riemann (1826-1866), geniale matematico tedesco, le cui ricerche e i cui risultati nell'ambito dell'analisi, dei numeri primi e della geometria hanno influenzato diversi campi della matematica moderna, della fisica teorica e della meccanica.

141. Nell'originale francese compare per una svista « *une intention* » (« un'intenzione »).

142. A Poincaré piaceva molto questa interiezione a inizio di paragrafo. Non mi azzarderei a farne uso senza il suo esempio [*Nota di André Weil*].

143. Edmund Landau (1877-1938), matematico tedesco, docente presso l'Università di Berlino e dal 1909 presso quella di Gottinga, autore di un'esposizione si-

stematica della teoria analitica dei numeri (*Handbuch der Lehre von der Verteilung der Primzahlen*, 1909).

144. Nikolaj Grigor'evič Čebotarëv (1894-1947), matematico russo, noto per il teorema di densità che porta il suo nome.

145. Il lettore che avrà la pazienza di arrivare sino alla fine si renderà conto che in fatto di artiglieria si dispone di una iscrizione trilingue, di dizionari, di un adultero e di un ponte che è una piattaforma girevole, senza parlare di Dio e del diavolo, che recitano anch'essi la propria parte nella commedia [*Nota di André Weil*].

146. Tartuffe, protagonista della celebre commedia di Molière, *L'Imposteur ou le Tartuffe* (1664).

147. Su Poincaré, si veda sopra, p. 44. Felix Klein (1849-1925), matematico tedesco, fondatore a Gottinga di un istituto di matematica applicata e della *Encyclopädie der mathematischen Wissenschaften*, che diresse dal 1898.

148. Adolf Hurwitz (1859-1919), matematico tedesco, autore di numerosi e notevoli contributi allo studio delle curve algebriche e delle corrispondenze algebriche. Francesco Severi (1879-1961), matematico italiano, fondatore dell'Istituto Nazionale di Alta Matematica di Roma (1939), noto per i suoi studi di geometria algebrica, in particolare quelli relativi ai sistemi di equivalenza e alle corrispondenze algebriche.

149. Così fu a lungo chiamato il «Journal de Mathématiques Pures et Appliquées», fondato dal matematico francese Joseph Liouville (1809-1882), cui si deve la pubblicazione dei lavori inediti di Galois. André Weil si riferisce al suo mémoire *Généralisation des fonctions abéliennes*, apparso ivi (IX, 17, 1938, pp. 47-87, e in particolare pp. 47-49).

150. Heinrich Martin Weber (1842-1913), matematico

e fisico tedesco, estese insieme a Dedekind la teoria degli ideali alle funzioni algebriche a una variabile.

151. Lezione base cassata: « l'analogia si ferma ai ».

152. Gustav Roch (1839-1866), matematico tedesco, il cui nome è legato al completamento del teorema di Riemann citato da André Weil.

153. Alexander Ostrowski (1893-1986), matematico ucraino; si occupò di matematica pura e dei fondamenti teorici dell'analisi numerica, e fu autore di trattati con finalità didattiche. Cfr. A. Weil, *Souvenirs d'apprentissage*, cit., p. 56 (trad. it. cit., p. 52).

154. Lezione base cassata: « né, per di più, ».

155. Lezioni cassate: « Ovunque essa possa tradursi », « Ovunque essa si sia tradotta ».

156. Lezione base cassata: « È quanto accadeva verso il 1820, quando i matematici ».

157. Lezione base cassata: « al posto di ».

158. Lezione base cassata: « che si riflettevano ».

159. Lezione base cassata: « interrotte da inesplicabili ».

160. « Come è facile prevedere » cassato.

161. « ; dissolta questa, arrivata » cassato.

162. Lezione base cassata: « attinta ».

163. *Śloka*, termine sanscrito traducibile con « stanza » o « strofe ».

164. Lezione base cassata: « all'influenza di Hilbert o all'attrattiva dell' ».

165. Lezione base cassata: « moderni ».

166. « come faceva Dedekind » cassato.

167. Un po' esagerato, perché le dimostrazioni, a dire il vero molto indirette, della scuola italiana (soprattutto Severi) sono in linea di principio di questa specie, benché scritte in linguaggio classico [*Nota di André Weil*].

168. Con «Journal de Crelle» si è a lungo designato il «Journal für die reine und andgewandte Mathematik», rivista fondata dal matematico tedesco August Leopold Crelle (1780-1855), sulla quale André Weil pubblicò *Zur algebraischen Theorie der algebraischen Funktionen* (179, 1938, pp. 129-33).

169. Lezione base cassata: «senza attribuire».

170. Kurt Hensel (1861-1941), matematico tedesco noto per aver scoperto le valutazioni *p*-adiche del corpo razionale e, quindi, dei corpi *p*-adici.

171. Helmut Hasse (1898-1979), matematico tedesco, sviluppò e generalizzò le teorie di Hensel, contribuendo alla classificazione dei corpi numerici.

172. Così era spesso denominata la «Revue Scientifique» (fondata nel 1863), per via del colore della copertina. Vi apparve la nota di André Weil *Sur l'analogie entre les corps des nombres algébriques et les corps des fonctions algébriques* (77, 1939, pp. 104-106), seguita, nello stesso numero, da *Les groupes à* p^n *éléments* (pp. 321-22).

173. Di questo «giovane studente» non abbiamo altre notizie.

174. Friedrich Karl Schmidt (1901-1977), matematico tedesco, specialista di teoria algebrica dei numeri.

175. «tutto (risultati, ma non dimostrazioni!)» cassato.

176. Lezione base cassata: «vi ha trovato l'occasione per i suoi successi».

177. «quasi» cassato.

178. Lezione base cassata: «tradurre».

179. Carl Ludwig Siegel (1896-1981), matematico tedesco, noto per le sue ricerche in teoria dei numeri.

180. Lezione base cassata: «lingua».

181. Su Severi, si veda qui sopra, nota 148. Max Deuring (1907-1984), matematico tedesco, allievo di Emmy Noether (1882-1935), specialista di geometria aritmetica e di teoria analitica dei numeri; André Weil si servì di alcuni suoi risultati per sviluppare i propri lavori sull'ipotesi di Riemann generalizzata.

182. André aveva scritto per una svista «Lautmann» (si veda anche sopra, p. 43, e qui sopra, nota 123).

183. Le righe di testo a partire da qui fino a «Nel grande sproloquio qui sopra» del capoverso che segue, così come la conclusione della lettera da «Basta così» fino a «P.S.», non compaiono in *Oeuvres Scientifiques. Collected Papers*, cit., vol. I, p. 254.

184. Su Jean-François de Gondi, cardinale di Retz, si veda qui sopra, nota 16.

185. Su Galiani, si veda sopra, p. 31.

186. Nietzsche non esitava infatti a definire Galiani «l'uomo più profondo, più acuto e forse più sporco del suo secolo ... assai più profondo di Voltaire e quindi anche notevolmente meno loquace» (*Al di là del bene e del male*, in *Opere di Friedrich Nietzsche*, Adelphi, Milano, vol. VI, tomo II, a cura di Giorgio Colli e Mazzino Montinari, versione di Ferruccio Masini, 2014[5], p. 36). Sulla divergenza di giudizi tra fratello e sorella, si veda anche sopra, Lettera 8, p. 73; Lettera 9, pp. 80-81; Lettera 10, pp. 90-91; Appendice, pp. 107-108.

187. Lezione base cassata: «farti capire».

188. Lezione base cassata: «ciò che ha indirizzato tali ricerche».

189. Lezione base cassata: «per conferirgli, se non del genio, almeno qualcosa di simile a un'imitazione abbastanza riuscita del genio».

190. Lezione base cassata: «molto importanti».

191. Cfr. André Weil, *Sur les espaces à structure uniforme et sur la topologie générale*, «Publications de l'Institut de mathématiques de l'université de Strasbourg», Hermann, Paris, 1937 (ora in *Oeuvres Scientifiques. Collected Papers*, vol. I, cit., pp. 147-83).

192. Su Bourbaki, si veda qui sopra, nota 25.

193. «con un solo sguardo» cassato.

194. Risposta alla Lettera 6 (si veda sopra, pp. 30 sgg.).

195. Si veda ciò che scriveva Simone Weil a questo proposito, sopra, nella Lettera 4 (minuta), pp. 23-24, e nella Lettera 6, pp. 34-35.

196. Si veda la risposta di Simone Weil, sopra, nel primo abbozzo di risposta (pp. 76 sgg.) e nel secondo (pp. 86 sgg.).

197. Platone, *Teeteto*, 147 d; cfr. la traduzione e le note di Michel Narcy (*Théétète*, Flammarion, Paris, 1994, pp. 312-13, note 50 e 51) e quelle di Luca Antonelli (Feltrinelli, Milano, 1994, pp. 238-39, note 20 e 21).

198. Si legga quel che Simone Weil scrive riguardo alla *dimostrazione* concepita come «anima della nostra scienza» in «À propos de la doctrine pythagoricienne», cit., p. 260 (trad. it. cit., p. 271) e riguardo all'invenzione da parte dei Greci della «dimostrazione rigorosa», in OC VI/3, pp. 127 e 128, 266, 394, 400-401 e 402 (Q III, pp. 121 e 122, 266, 401, 408 e 410).

199. Otto Toeplitz (1881-1940), matematico tedesco,

fondatore nel 1929 della rivista «Quellen und Studien zur Geschichte der Mathematik», si occupò di teoria degli ideali, di matrici infinite e di funzioni quasi periodiche. La matrice a diagonali costanti impiegata in informatica prende il suo nome (matrice di Toeplitz).

200. Sulla duplicazione del cubo, si veda sopra, pp. 34-35 e 87.

201. Si veda ciò che gli scrive a questo proposito la sorella, sopra, p. 85.

202. L'espressione di André Weil è ripresa e commentata più volte dalla sorella nei *Cahiers*: OC VI/2, pp. 186, 209, 210 e 215 (Q II, pp. 32, 54, 55 e 59), e OC VI/3, pp. 64, 396 e 400 (Q III, pp. 43, 403 e 408). Si veda anche «À propos de la doctrine pythagoricienne», cit., p. 259: «[I Pitagorici] chiamavano λόγοι ἄλογοι (*logoi alogoi*) i rapporti incommensurabili. Per legare all'unità i numeri che non sono dei quadrati, occorre una mediazione che venga dall'esterno, da un ambito estraneo al numero, e che può adempiere questa funzione solo a prezzo di una contraddizione. Questa mediazione fra l'unità e il numero appare come qualcosa di inferiore al numero, qualcosa di indeterminato. Un *logos alogos* è uno scandalo, un'assurdità, qualcosa di contronaturale» (trad. it. cit., p. 270).

203. Si tratta delle lezioni sui «filosofi preplatonici» tenute da Nietzsche negli anni 1872-1873 e delle annotazioni nei suoi quaderni, in parte rielaborate e confluite poi nello scritto del 1873 *Die Philosophie im tragischen Zeitalter der Griechen*, tradotto in francese e curato da Geneviève Bianquis con il titolo *La Naissance de la philosophie à l'époque de la tragédie grecque*, Gallimard, Paris, 1938 (si veda la trad. it. di Giorgio Colli, *La filosofia nell'epoca tragica dei Greci e Scritti 1870-1873*, in *Opere di Friedrich Nietzsche*, Adelphi, Milano, vol. III, tomo II, a cura di Giorgio Colli e Mazzino Montinari, 1990[3], pp.

263-351). Cfr. la recente edizione francese integrale delle lezioni, *Les philosophes préplatoniciens*, a cura di Paolo D'Iorio, Francesco Fronterotta e Nathalie Ferrand, Éditions de l'Éclat, Combas, 1994.

204. Sulla formula attribuita a Platone, si veda qui sopra, nota 110.

205. Si veda qui sopra, nota 114.

206. Riguardo alla mistica, si veda la risposta di Simone Weil, sopra, Lettera 9, pp. 82-83; Lettera 10, p. 92; Appendice, pp. 109-10.

207. André Weil aveva appreso l'aneddoto dalla lettrice di polacco all'Università di Strasburgo Hela de Chelminska (che egli cita nei *Souvenirs d'apprentissage*, cit., p. 125; trad. it. cit., p. 134). A Józef Marja Hoëné, che prese il nome di Hoëné Wronski (1778-1853), matematico, filosofo e mistico polacco, il quale pretendeva di aver avuto la «rivelazione dell'Assoluto», si interessarono Balzac, Flaubert, Hugo, Baudelaire e persino Valéry. I manoscritti di questo prolifico personaggio – inizialmente accolto in Francia (prima a Marsiglia, poi a Parigi) quasi come un genio e in seguito bollato come impostore – sono conservati nella biblioteca di Kornik, nei pressi di Poznań (cfr. Serge Zenkine, *Une herméneutique du sacré: le cas Wronski*, in «Fabula» («colloques en ligne»), http://www.fabula.org/colloques/document946.php).

208. André Weil ebbe l'opportunità di visitare il Museum of Fine Arts di Boston e di conoscere così la collezione di pittura cinese dell'epoca Sung durante la sua permanenza negli Stati Uniti nel 1937, come racconta nei suoi *Souvenirs d'apprentissage*, cit., p. 122 (trad. it. cit., p. 131). Simone Weil si dedicò allo studio del buddhismo Zen, a partire dal febbraio 1942, attraverso la lettura dell'opera di Daisetz Teitaro Suzuki (*Essays in Zen Buddhism*, second series, Luzac & Co., London,

1933), scoperta grazie a René Daumal, che allora la stava traducendo (SP II, p. 394; trad. it., pp. 576-77); cfr. anche le annotazioni del Quaderno VIII, in OC VI/3, pp. 73 sgg. e 132 sgg. (Q III, pp. 53 sgg. e 127 sgg.).

209. Il testo che segue (su due fogli, uno di quattro facciate e uno di due) è chiaramente il primo abbozzo di risposta alla lettera del fratello del 28 marzo 1940 (sopra, Lettera 8, pp. 67 sgg.), che Simone Weil non inviò mai. Il riferimento, in chiusura, alla burla nei confronti di Artin (p. 85), di cui André le parla nella sua lettera (p. 72), così come quello alla fine della «lettera di sedici pagine» (p. 85) rendono verosimile la datazione dell'abbozzo tra la fine di marzo e gli inizi di aprile. Cfr. la lettera che Simone spedì da Le Poët e databile fra il 10 e il 20 settembre 1941, nella quale, dopo aver osservato che per il fratello la matematica era «decisamente un'arte», e un giorno sarebbe potuta divenire «un'ascesi», scrive: «Questo mi ricorda che non ho mai risposto (avevo cominciato una risposta, ma non te l'ho mai inviata) alla lettera di Rouen» (OC VII/1, pp. 497-98).

210. A questo proposito si legga ciò che Simone Weil scrive commentando la via di salvezza indicata dal *Fedro*: «Così ogni essere umano, nessuno eccettuato, compreso il più degradato degli schiavi, ha un'anima che proviene dal mondo situato al di sopra dei cieli, vale a dire da Dio, e che è chiamata a ritornarvi. Il segno di quell'origine e di quella vocazione è l'attitudine a concepire idee generali, attitudine presente in misura variabile in ogni essere umano; senza di essa nessun bambino imparerebbe a parlare. Tra gli esseri umani vi sono soltanto differenze di grado che sono accidentali e variabili. Per essenza gli esseri umani sono identici e di conseguenza uguali. I Pitagorici definivano la giustizia mediante l'uguaglianza ... Questa teoria della reminiscenza è orfica» (*Dieu dans Platon*, cit., p. 111; trad. it. cit., pp. 129-30).

211. Platone, *Menone*, 82 b-85 b (cfr. nell'edizione con testo a fronte a cura di Giovanni Reale, Bompiani, Milano, 2016[4], il «Saggio introduttivo» del curatore, in particolare pp. 26-28 e 51-61, e il «Saggio integrativo» di Imre Toth, *Il «Locus mathematicus» del «Menone» (82 B-86 C)*, con la collaborazione di Elisabetta Cattanei, in Appendice, pp. 219-40). Per un approfondimento si rimanda a Imre Toth, *Lo schiavo di Menone*, a cura di Elisabetta Cattanei, Presentazione di Giovanni Reale, Vita e Pensiero, Milano, 1998.

212. Aristotele, *Primi Analitici*, I, 23, 41 a 26-32, ripreso in I, 44, 50 a 37-38 (cfr. l'edizione degli scritti aristotelici *Organon*, a cura di Giorgio Colli, Adelphi, Milano, 2003, p. 156 e nota pp. 872-73).

213. Sul manoscritto compare per una svista «incommensurabile» in luogo di «commensurabile». Cfr. anche sopra, Lettera 10, p. 87.

214. Platone, *Epinomide*, 990 d, passo citato di seguito.

215. Si veda qui sopra, nota 211.

216. Si veda qui sopra, nota 59.

217. Delle due figure che seguono, tracciate a margine, la prima richiama la costruzione esposta nel *Menone* (82 b-86 c):  dato un quadrato, quello piccolo in basso a destra, l'area del quadrato avente per lato la sua diagonale è la metà dell'area del grande quadrato nel quale è inscritto, ossia il doppio dell'area del piccolo quadrato dato all'inizio. La seconda è poco chiara, e ciò che Simone Weil ha in vista può essere così esplicitato: 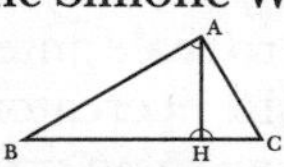

dato il triangolo ABC retto in A, si ha BC/BA = BA/BH.

218. Ovvero la proiezione del cateto.

219. Si veda ciò che al riguardo le aveva scritto André, sopra, p. 73.

220. Si veda a questo proposito ciò che scrive Paolo Zellini, in *La matematica degli dèi e gli algoritmi degli uomini*, Adelphi, Milano, 2016, pp. 145-47, specialmente p. 147, e più in generale – riguardo alla scoperta dell'incommensurabilità – in *Gnomon*, Adelphi, Milano, 1999, pp. 164-65, e in *Numero e logos*, cit., pp. 131 sgg.

221. Il passo è spesso evocato, trascritto in greco (sulla quarta di copertina del Quaderno VIII), tradotto e commentato nei *Cahiers* (cfr. il lemma «Platone», sottolemma «*Epinomide*» dell'Indice I, in Q IV, p. 461); in *La science et nous*, cit., p. 122 (trad. it. cit., p. 102); ora in OC IV/1, p. 140; e in «À propos de la doctrine pythagoricienne», cit., pp. 251-52 e 258-59 (trad. it. cit., pp. 263 e 269).

222. Vale a dire, nel primo caso, il ragionamento per assurdo che dimostra che non esiste nessuna frazione *n/m* uguale alla radice di 2, e cioè che $\sqrt{2}$ è un numero irrazionale; e, nel secondo caso, l'applicazione del teorema di Pitagora al triangolo rettangolo ottenuto tracciando la diagonale in un quadrato di lato 1, che dimostra che la lunghezza di questa diagonale al quadrato è 2, e che dunque $\sqrt{2}$, anche se incommensurabile, ha una sua realtà.

223. Cfr. Filolao, [fr. 44 B4 DK], trad. di Simone Weil, in «À propos de la doctrine pythagoricienne», cit., p. 247 (trad. it. cit., p. 259).

224. Su Eudosso, si veda qui sopra, nota 66.

225. L'ipotesi di una teoria del numero reale anteriore a Eudosso è oggi accreditata da molti ricercatori, secondo alcuni dei quali sarebbe fondata su un procedimento noto con il nome di «algoritmo di Euclide»; si veda, per esempio, Wilbur Richard Knorr, *The Evolu-*

tion of the Euclidean Elements: a Study of the Theory of Incommensurable Magnitudes and Its Significance for Early Greek Geometry, D. Reidel, Dordrecht-Boston, 1975.

226. Si veda qui sopra, nota 67.

227. Erodoto, *Storie*, II, 42, 144 e 156.

228. Si veda sopra, Lettera 8, p. 73.

229. Sulla nozione di *equilibrio*, che nei testi weiliani ruota attorno alle immagini della *bilancia* dell'antico Egitto, del *punto d'appoggio* di Archimede, dell'*ordine del mondo* di Platone, dei quattro bracci della *Croce*, della *media proporzionale* nella geometria greca, e sulle nozioni di *necessità* e *armonia* connesse a quella di *giustizia*, si rimanda ai lemmi corrispondenti nell'Indice III, Q IV; si veda anche *Du fondement d'une science nouvelle*, cit., pp. 275 sgg. (trad. it. cit., pp. 223 sgg.); ora in OC IV/1, pp. 183 sgg.; *Formes de l'amour implicite de Dieu* (inizio maggio 1942), in AD, pp. 129-30 (trad. it., pp. 104-105); ora in OC IV/1, pp. 289-90; la sezione « Contemplation de l'ordre du monde a priori », in *Dieu dans Platon*, cit., pp. 103-107 (trad. it. cit., pp. 120-25); e il vertiginoso « À propos de la doctrine pythagoricienne », cit., pp. 246-93, in particolare pp. 274-75 (trad. it. cit., pp. 259-314, in part. pp. 290-91), dove dalla riflessione sulla necessità scaturisce il senso della nostra aspirazione alla felicità naturale.

230. Si veda l'esempio dell'eclisse, in *La science et nous*, cit., p. 131 (trad. it. cit., p. 109); ora in OC IV/1, p. 146. Cfr. anche, sopra, la seconda minuta, pp. 94-95.

231. Cfr. LPH, pp. 187 sgg. (trad. it., pp. 204 sgg.).

232. Si accosti alle riflessioni presenti in questo capoverso e nel seguente la visione tratta da « À propos de la doctrine pythagoricienne », cit., pp. 284 e 286: « Alla matematica si fa doppiamente torto quando la si vede solo come una speculazione razionale e astratta. È que-

sto, sì, ma è anche la scienza della natura, una scienza affatto concreta, ed è anche una mistica. Le tre cose insieme, e inseparabilmente»; essa «è anzitutto una sorta di poema mistico composto da Dio stesso» (trad. it. cit., pp. 303 e 305).

233. Sul margine Simone Weil ha scritto: «l'espressione è di Platone»; in essa confluiscono l'insegnamento del *Timeo* riguardo al Modello da imitare (*Intuitions pré-chretiennes*, in OC IV/2, pp. 170-71 e 178-80; trad. it. cit., pp. 177 e 185-87) e l'assimilazione al Modello del *Teeteto* (*Dieu dans Platon*, cit., e *Intuitions pré-chretiennes*, cit., pp. 78-79, 218 e 220; trad. it. cit., pp. 89-91, 227 e 229). Sulla lettura di Platone da parte della filosofa, si veda anche il saggio di Michel Narcy, *À propos du «Timée» de Simone Weil*, e quello di François Heidsieck, *Sur quelques problèmes de traduction et d'interprétation du «Timée»*, in CSW, XVIII, 1, 1995, pp. 25-34 e 35-43; e più in generale Michel Narcy, «Avant-propos 1. Le domaine grec», in OC VI/1, pp. 19-34; e Anissa Castel-Bouchouchi, «Introduction» a *Le domaine grec*, in OC IV/2, pp. 35-63.

234. Così scrive Simone Weil nella sua esegesi dei dialoghi platonici: «Chi è dunque Platone? Un *mistico* erede di una tradizione mistica in cui l'intera Grecia era immersa»; «La mia interpretazione: Platone è un autentico mistico, e addirittura il padre della mistica occidentale»; e «La Grecia ha avuto una *mistica nella quale la contemplazione mistica si fondava sulle relazioni matematiche. Singolarissimo.* Cfr. Proclo su Platone e Filolao» (*Dieu dans Platon*, cit., pp. 75, 78, 103; trad. it. cit., pp. 85, 88, 119); si veda la sua traduzione del frammento di Proclo [44 B 19 DK] (*Intuitions pré-chretiennes*, cit., p. 248; trad. it. cit., pp. 260-61).

235. Si veda Platone, *Fedro*, 244 a-c, a proposito della «follia» quale «dono divino», e 265 b, riguardo all'at-

tribuzione dell'ispirazione iniziatica a Dioniso. Cfr. anche OC VI/2, p. 443 (Q II, pp. 274-75).

236. L'iniziazione dell'« inventore » della tragedia attica non è certa, stando a quel che sostiene il grecista Paul Mazon (1874-1955) nell'Introduzione a Eschyle, *Tragédies*, da lui curato e tradotto, Les Belles Lettres, Paris, 1920, tomo I, p. II. Sul lessico di alcune tragedie di Eschilo, costituito da « vocaboli rari », « probabilmente parole a doppio senso » la cui chiave « doveva trovarsi nella liturgia dei Misteri », si veda ad esempio la sezione dedicata al *Prometeo incatenato* e alle *Supplici*, in *Intuitions pré-chrétiennes*, cit., pp. 237-44 (trad. it. cit., pp. 245-55).

237. Sull'importanza del riferimento ai misteri eleusini, e più in generale sulla mistica nell'opera di Simone Weil, si veda Miklos Vetö, *La métaphysique religieuse de Simone Weil*, Vrin, Paris, 1971; R. Kühn, *L'inspiration religieuse et philosophique en Grèce vue à partir des Mystères d'Éleusis*, in CSW, V, 3, settembre 1982, pp. 161-83; Simone Pétrement, *Sur « La source grecque »*, in CSW, XVI, 2-3, 1993, pp. 119-27; Giancarlo Gaeta, *Lo spirito greco riflesso nel Vangelo*, postfazione a RG, pp. 461-89, in particolare pp. 474 sgg.; Wanda Tommasi, *Ciò che non dipende da me*, Liguori, Napoli, 2016, pp. 36-39.

238. Platone, *Filebo*, 16 c-d e 17 a-e. Il passo è citato e tradotto in *Dieu dans Platon*, cit., p. 104 (trad. it. cit., pp. 121-22) e in « À propos de la doctrine pythagoricienne », cit., pp. 249-50 (trad. it. cit., pp. 261-62); cfr. anche il lemma « Platone », sottolemma « *Epinomide* » dell'Indice I, in Q IV, p. 461.

239. Sul margine: « si tratta di una "via" che Socrate spiegherà ».

240. Simone Weil traduce parzialmente il fr. 1 ediz. Diels 1922 [44 B 1 DK] (riportato nel Quaderno IV, in OC VI/2, p. 114; Q I, p. 361); per altri frammenti del

pitagorico di Crotone da lei citati e commentati, si veda « À propos de la doctrine pythagoricienne », cit., pp. 246 sgg. e 257-58 (trad. it. cit., pp. 259 sgg. e 268-69); e *Notes de Londres*, cit., pp. 326 sgg. (trad. it. cit., pp. 330 sgg.). Cfr. anche il lemma « Filolao » dell'Indice I, in Q IV, pp. 455-56.

241. Si veda sopra, pp. 38-39, e qui sopra, nota 112.

242. A margine: « ivi comprese le eresie ».

243. Si veda sopra, p. 72.

244. Allusione a Platone, *Fedro*, 259 b-d, dove si afferma che le cicale hanno ricevuto dalle Muse il privilegio di riferire gli onori che si riservano loro sulla terra.

245. Si tratta della lettera di André del 26 marzo (sopra, Lettera 7, pp. 42 sgg.).

246. Si veda sopra, p. 43, e qui sopra, nota 123.

247. Simone Weil ne fece un compendio verosimilmente per l'avvocato incaricato di difendere André Weil davanti al tribunale militare (« Annexes III », in OC VII/1, pp. 580-82; trad. it. sopra, in Appendice, pp. 100 sgg.).

248. L'abbozzo non datato, redatto su quattro foglietti sicuramente dopo aver ricevuto la lettera di André del 28 marzo 1940 (sopra, Lettera 8, pp. 67 sgg.), è palesemente un'ulteriore stesura della risposta che Simone Weil avrebbe voluto inviare al fratello; i rimandi alle due lettere di André del 26 marzo e del 28 marzo vi appaiono evidenti; non dovrebbero esserci dubbi circa la sua datazione nel mese di aprile.

249. Si veda sopra, pp. 72 e 77.

250. Si veda sopra, p. 76, e qui sopra, nota 212.

251. Per il *Menone*, si veda qui sopra, nota 211.

252. Si veda la traduzione del passo dell'*Epinomide* data sopra, p. 78.

253. Platone, *Teeteto*, 147 d-148 b; cfr. anche sopra, Lettera 8, p. 74. L'incommensurabilità è un *thaumazein* che mette in moto il pensiero (*Teeteto*, 155 d: «Ed è proprio del filosofo questo che tu provi, di esser pieno di meraviglia», trad. di Giovanni Reale).

254. A proposito di Dioniso e Apollo e dell'«errore» di Nietzsche, cfr. ciò che scrive Giorgio Colli nella sua «Introduzione» a *La sapienza greca*, Adelphi, Milano, vol. I, 1977, pp. 15-27.

255. Erodoto, *Storie*, II, 42, 144 e 156.

256. Si veda a tale riguardo l'annotazione nel Quaderno VIII: «La nozione di grazia, presente in modo così vivo nel pensiero dei Greci, era connessa alla loro visione della miseria umana. Si potrebbe sostenere che la visione della miseria umana può condurre altrettanto bene alla disperazione. No, perché la disperazione si volge inevitabilmente in menzogna. Non può esserci contemplazione della miseria umana nella sua verità se non alla luce della grazia» (OC VI/3, p. 90; Q III, p. 74). Si veda anche la sezione «L'opération de la grâce», in *Intuitions pré-chrétiennes* (aprile-fine maggio 1942), in OC IV/2, pp. 160-61 (trad. it. cit., pp. 167-68; cfr. anche *ibid.*, pp. 405-406, nota 30).

257. È probabile che Pitagora abbia conosciuto la dottrina di questa setta indiana votata all'ascetismo, sulla quale cfr. OC VI/4, p. 152 (Q IV, p. 149).

258. Si veda qui sopra, nota 235.

259. Platone, *Filebo*, 16 c-d; 17 e-18 a; si veda anche sopra, p. 83, e qui sopra, nota 238.

260. Si veda Platone, *Filebo*, 16 d-e nella traduzione di Simone Weil: «IL NUMERO COSTITUISCE LA MEDIAZIO-

NE TRA L'UNO E L'INDEFINITO », in « Contemplation de l'ordre du monde a priori », cit., in *Dieu dans Platon*, cit., p. 106 (trad. it. cit., p. 124).

261. Si leggano a questo proposito le pagine relative alla « psicologia del sentimento estetico », in LPH, pp. 198 sgg. (trad. it., pp. 217 sgg.).

262. Platone, *Gorgia*, 507 e-508 a, passo citato e tradotto da Simone Weil in *Dieu dans Platon*, cit., pp. 103-104 (trad. it. cit., p. 121) e in « À propos de la doctrine pythagoricienne », cit., p. 249 (trad. it. cit., p. 261). Se ne veda il commento: « Quando nel *Gorgia* Platone parla di uguaglianza geometrica, questa espressione equivale senza dubbio a quella di uguaglianza armonica usata da Pitagora. Si tratta in entrambi i casi di espressioni tecniche il cui significato era rigorosamente stabilito, vale a dire uguaglianza tra due rapporti aventi un termine in comune, del tipo $a/b = b/c$. Perché in espressioni quali media geometrica e progressione geometrica l'aggettivo indica la proporzione » (« À propos de la doctrine pythagoricienne », cit., p. 266; trad. it. cit., p. 279). Cfr. anche OC VI/3, pp. 67 e 395 (Q III, pp. 47 e 402).

263. Cfr. *Odissea*, XIII, 185 sgg. Si veda anche *Formes de l'amour implicite de Dieu*, cit., p. 171 (trad. it. cit., p. 136); ora in OC IV/1, p. 312.

264. A proposito del sentimento amaro della necessità che i Greci avvertivano senza cadere nell'illusione, nell'ebbrezza e nel fanatismo, si veda il saggio *L'« Iliade » ou le poème de la force*, cit., pp. 227-53 (trad. it. cit., pp. 31-64).

265. Al riguardo si veda, sopra, sia il compendio della lettera di André del 26 marzo 1940 fatto dalla sorella, pp. 111 sgg., sia la risposta di André, pp. 99-100.

266. Si veda sopra, p. 72.

267. Si veda anche sopra, p. 85.

268. André Weil si riferisce alla *Dédicace*, l'epistola dedicatoria a « papà Cartan » (Élie, padre di Henri) di cui si parla sopra, pp. 18, 29, 30.

269. Dal 1927 Enrique Freymann (1888-1954) dirigeva la casa editrice Hermann, fondata nel 1876 da Arthur Hermann (1839-1929). Sull'editore, « tanto affascinante quanto pittoresco », si veda André Weil, *Souvenirs d'apprentissage*, cit., pp. 107 sgg. (trad. it. cit., pp. 113 sgg.).

270. In margine, di pugno di André Weil: « *sic* ».

271. Preferisco financo debolezze [*faiblesses*] a brutture [*laideurs*] *sotto ogni punto di vista*, in particolare dal punto di vista eufonico. – Oltre tutto, adesso che sto per spedire questa lettera, ho appena riletto la frase in questione, e non vedo come si possa sollevare la minima obiezione. Sono dunque per mantenerla così [*Nota di André Weil*].

272. Si veda sopra, p. 112.

273. Se teniamo conto del tempo necessario all'arrivo di una lettera e alle comunicazioni ufficiali relative allo svolgimento del processo a carico del fratello, è probabile che Simone Weil abbia annotato queste sue considerazioni intorno alla fine dell'aprile 1940, e comunque prima dell'udienza del tribunale militare, fissata per venerdì 3 maggio. Stando alla sua autobiografia, André Weil, chiamato secondo la procedura a fare una sua dichiarazione, consapevole che « non era il momento di fare il gradasso », disse che « una volta indossata l'uniforme » avrebbe compiuto il suo « dovere di soldato »; il processo si concluse con la condanna a cinque anni di reclusione, pena sospesa dopo alcune settimane in seguito all'accettazione della sua richiesta di essere assegnato a un reparto combattenti (*Souvenirs*

d'apprentissage, cit., pp. 158-59; trad. it. cit., pp. 172-73). Accogliamo dunque la datazione proposta da Simone Pétrement: «Quando [André] fu in procinto di comparire in giudizio» (SP II, p. 262; trad. it., p. 484), perché riteniamo, al contrario dei curatori dell'edizione francese (OC VII/1, p. 439), che il solo riferimento a Retz non ne giustifichi di per sé l'anticipazione all'inizio della detenzione nella prigione militare di Rouen: se infatti i *Mémoires* furono certamente uno dei primi libri a lui fatti pervenire, è anche vero che furono letti e riletti da André, come testimoniano le lettere alla moglie del 30 marzo, del 16 e del 22 aprile, riportate in *Souvenirs d'apprentissage*, cit., pp. 152, 155 e 157 (trad. it. cit., pp. 166, 169 e 171). Comunque sia, con buona probabilità queste righe non furono mai spedite, perché altrimenti Simone Weil sarebbe stata a sua volta incriminata, dato che la corrispondenza era sottoposta a censura da parte non solo del direttore del carcere, ma anche del capitano istruttore del processo.

274. «Oh luce amatissima» (Sofocle, *Elettra*, v. 1224): con queste parole Elettra si rivolge al fratello Oreste durante la scena del riconoscimento. A questa tragedia Simone Weil s'interessò più volte nel corso della sua breve esistenza; si veda *Électre* (1936), in OC II/2, pp. 339-48 (trad. it. in RG, pp. 19-28); «Reconnaissance de Dieu et de l'homme», in *Intuitions pré-chrétiennes*, cit., pp. 156-58 (trad. it. cit., pp. 162-65); «Autres textes et traductions», in OC IV/2, pp. 307 sgg. (trad. it. in RG, pp. 347-52; cfr. anche RG, p. 404 nota 20).

275. Come Simone Weil sottolinea, dall'aprile del 1939 all'aprile del 1940 la situazione interna della Francia era cambiata in peggio a causa del regime di Daladier (in carica dall'aprile 1938 al marzo 1940) e per l'emanazione di decreti-legge restrittivi della libertà personale volti a contrastare il «disfattismo» dilagante.

276. Sul cardinale di Retz, si veda qui sopra, nota 16.

277. Riguardo alle norme restrittive introdotte nel Codice penale francese, e sul confino non più come pena ma come misura di polizia, si vedano i due scritti di Simone Weil, *Quelques remarques au sujet du Code pénal français* (primavera 1940), e *Note sur la peine de relégation infligée aux étrangers* (marzo 1941?), in OC IV/1, pp. 452-56 e 456-58.

278. Dopo aver approvato alcuni decreti che permettevano di legittimare *a posteriori* decisioni prese burocraticamente, il 18 novembre 1939 un decreto-legge del governo Daladier aveva conferito la facoltà di condannare i presunti « disfattisti » ai prefetti anziché all'autorità giudiziaria. In mancanza di reati, bastava un rischio potenziale per internare individui ritenuti « sospetti dal punto di vista nazionale e politico ». Il governo di Vichy (luglio 1940-agosto 1944) non fece altro, dunque, che riprendere la legislazione repressiva della Terza Repubblica sopprimendo le procedure di ricorso ancora in vigore.

279. Il riferimento è al generale Pierre Héring (1874-1963), nominato nel 1939 governatore militare di Parigi e preposto alla difesa della città fino a quando non sarà dichiarata « città aperta » (giugno 1940).

280. « Le Peuple », organo confederale ufficiale dopo la riunificazione del 1936 fra la CGT e la CGTU, divenuto settimanale a partire dal 1939; « Syndicats », rivista fondata da René Belin (si veda qui sotto, nota 281), alla quale Simone Weil destinò diversi suoi articoli nel 1937.

281. Léon Jouhaux (1879-1954), segretario generale della CGT dal 1909 al 1940. René Belin (1898-1977), membro dell'ufficio confederale della CGT (1933-1940) e successivamente, durante il governo di Vichy,

ministro della Produzione industriale e poi segretario di Stato al Lavoro (luglio 1940-aprile 1942).

282. Georges Bonnet (1889-1973), ministro della Giustizia fino alla caduta del governo Daladier (marzo 1940).

283. Formula di saluto («Addio!», «Sii felice!»). Il testo non è firmato.

284. Questo abbozzo, mutilo della parte iniziale, risale verosimilmente all'aprile del 1940.

285. Si veda sopra, p. 89, il capoverso: «Platone mette gli incommensurabili anche all'inizio del *Teeteto*, il dialogo che concerne *il sapere*».

286. Si veda sopra, p. 71.

287. Si veda sopra, pp. 83 e 92-93.

288. Platone, *Filebo*, 16 c-d; 17 e-18a. Si veda anche sopra, pp. 83-84 e 93-94.

289. Questo scritto, databile intorno alla fine di marzo in virtù dei riferimenti di André Weil nella sua lettera del 5 aprile (sopra, pp. 99-100), è apparso in CSW, XXII, 1, marzo 1999, pp. 63-65, e si trova ora in «Annexes III», in OC VII/1, pp. 580-82. Si veda, sopra, quello che Simone Weil scriveva al fratello a questo proposito: «Della tua lettera di sedici pagine (che ho letto più volte) non ho capito niente ... Ciò nonostante, ne ho estratto il succo ad uso di gente che presto s'interesserà a te» (Lettera 9, p. 85).

290. Cfr. sopra, p. 99, il commento critico di André Weil: «Non so peraltro come ti salti in mente di attribuirmi l'idea di utilizzare i campi di Galois per far avanzare, mediante le analogie, la teoria dei numeri. L'idea è (essenzialmente) di Artin, come mi pareva di aver spiegato con chiarezza. È vero che in definitiva lui non ne ha cavato nulla; ma, fino adesso, nemmeno io».

291. Lezione base cassata: « assai ».

292. Lezione base cassata: « è ».

293. « è di nuovo il paese di Fermat » cassato.

294. Probabilmente il numero di pagina dell'opera della quale Simone Weil prende nota. Da qui il testo prosegue su un altro foglietto.

295. Sulla storia di Bourbaki e delle sue pubblicazioni, cfr. la tesi di dottorato della storica della matematica Liliane Beaulieu, *Bourbaki. Une histoire du groupe de mathématiciens français et de ses travaux (1934-1944)*, Università di Montréal, 1990, e si consulti il sito http://archives-bourbaki.ahp-numerique.fr/publications. Si veda anche André Weil, « Bibliographie » (1926-1978), in *Oeuvres Scientifiques. Collected Papers*, cit., vol. III, pp. VII sgg.

296. Simone Weil si riferisce molto probabilmente a *L'intégration dans les groupes topologiques et ses applications*, cit. (sopra, p. 18, e qui sopra, nota 32). Il compendio termina con il periodo lasciato in sospeso.

NOTA SUI TESTI

L'insieme della corrispondenza fra Simone Weil (1909-1943) e André Weil (1906-1998) copre un arco temporale che va dal 1927 al 1943 e comprende, allo stato attuale, ventuno lettere (compresi abbozzi e minute) della filosofa e tredici del matematico.[1] Questo volume ne accoglie il nucleo di maggior consistenza quanto a densità di temi e nettezza dei punti di vista, pur limitandosi al periodo febbraio-aprile del 1940, che coincide con la detenzione di André Weil, per renitenza alla leva, nella prigione civile di Le Havre e poi nel carcere militare di Rouen.[2]
Le otto lettere di Simone Weil non riportano indicazione di luogo né data (tranne la prima, cui è apposto un generico « sabato »), e quattro di esse si presentano in forma incompiuta: una minuta di cui si è conservata anche la stesura definitiva, due abbozzi di una risposta che non venne mai portata a termine, un testo buttato giù frettolosamente che di certo, se spedito, non sarebbe passato indenne attraverso le maglie della censura allora in vigore;[3] le quattro lettere di André Weil, compiute e datate, furono puntualmente inviate alla sorella.[4] La presente edizione italiana riunisce questo cor-

1. Si veda il primo volume della *Correspondance*, OC VII/1, pp. 425-518 e 519-70 (una delle lettere di André sarebbe, secondo Sylvie Weil, « una "falsa lettera" scritta dalla zia per gioco », *ibid.*, p. 523).

2. Cfr. sopra, pp. 121-22, nota 1.

3. Si tratta delle Lettere 4, 9, 10 e 12.

4. Le Lettere 3, 7, 8 e 11 furono scritte da André Weil nel carcere militare di Rouen.

pus con l'intento di offrire al lettore l'opportunità di seguire lo scambio epistolare senza soluzione di continuità: il criterio a cui la raccolta si attiene è, nella misura del possibile, cronologico, e a tal fine non si sono trascurati né gli indizi reperibili in ciascuna lettera né le ipotesi di datazione sufficientemente fondate che sono state avanzate da Simone Pétrement e da André Weil, in massima parte recepite dall'edizione delle *Oeuvres complètes* di Simone Weil, vol. VII/1: *Correspondance.* 1. *Correspondance familiale*, a cura di R. Chenavier e A.A. Devaux, con la collaborazione di M.-N. Chenavier-Jullien, A. Devaux e O. Rey.[1]

Contravvenendo ai criteri consueti, la minuta e gli abbozzi non sono stati raggruppati in una sezione a sé stante, perché la varietà di enunciazione dei medesimi nuclei di pensiero contribuisce a renderli più perspicui, e a evidenziare le parole e le espressioni chiave intorno alle quali si mostra la convergenza o la divergenza di vedute fra i due corrispondenti. Alla fine del carteggio, in Appendice, è collocato un frammento in cui Simone Weil sviluppa una porzione del secondo abbozzo di risposta, al quale fa seguito il compendio della lunghissima lettera di André che la sorella si premurò di redigere per il suo avvocato, in vista dell'udienza finale del processo.

1. Eccetto per quella che nella presente edizione compare come Lettera 12; si veda sopra, pp. 165-66, nota 273.

IL GENIO DELL'ATTENZIONE, L'ARISTOCRAZIA DELL'INTELLIGENZA

DI MARIA CONCETTA SALA

Intorno al gennaio del 1927, dalla Germania, dove stava preparando la tesi di dottorato – che avrebbe concluso nel 1928 –, il ventenne André scriveva con rude franchezza alla sorella quasi diciottenne, allora allieva di Alain al Lycée Henri IV, una lettera che aveva il sapore del rimprovero: « La pretesa che trovo eccessiva è quella di capire i miei Lavori ... Padre N***, secondo Renan, diceva che non si era alzato per quarant'anni alle quattro del mattino per pensare come chiunque altro. Io non mi sono alzato alle quattro del mattino, ma da cinque anni ho ugualmente lavorato un po'. E il risultato consiste in alcune idee che non sono chiare neppure a me, e che farei fatica a spiegare a un matematico. Ed ecco che tu reclami proprio questo, persuasa, a quanto pare, che tutto ciò che riguarda i numeri deve essere una specie di teoria delle idee, alla quale può accedere chiunque platonizzi. Insomma, facciamola finita con le precauzioni e mettiamoci alla prova: se il tentativo non gioverà a te, può darsi che giovi a me, ed è già qualcosa ».[1] Non si è conservata la lettera di Simone che ha suscitato una simile risposta, ma in questa e in altre lettere di André degli anni Trenta affiora sottotraccia la domanda circa il senso e la portata dei propri lavori algebrico-matematici, quasi in conformità alla richiesta della sorella; nessuna meraviglia quindi se nel 1940 lei, osservando che reclusi in una

1. Si veda OC VII/1, pp. 521-22 e note 2 e 4. Cfr. anche quel che André le scriverà in una delle lettere qui raccolte, sopra, pp. 18-19.

cella si ha tempo « da vendere », si sia ostinata a riproporgliela.[1]

Sono noti il sentimento di affettuosa complicità e il caparbio desiderio di emulazione di Simone Weil nei confronti del fratello maggiore. Del resto l'importanza del vincolo primario tra i due, su cui si soffermano biografi e studiosi, emerge a più riprese, e tutt'altro che velatamente, dalla corrispondenza familiare.[2] E di certo non si rimane indifferenti dinnanzi a ciò che Sylvie Weil, figlia di André e nipote di Simone, con un pizzico di acredine e alquanto humour confida di aver ereditato: « Il genio era bicefalo. Mio padre aveva un doppio, un doppio femminile, un doppio morto, un doppio fantasma. Proprio così, perché mia zia, oltre a essere una santa, era un doppio di mio padre, al quale somigliava come una gemella. Un doppio onnipresente ... Che non milita più, non insegna più, non parte più per fare la guerra in Spagna, non ha più sorprendenti incontri con il Cristo, e nondimeno continua senza sosta a fare tutto questo molto meglio dei vivi. Un doppio terrificante, per me, perché le somigliavo molto. Somigliavo al doppio di mio padre ».[3]

Ma in ogni famiglia le pieghe più riposte della mente e del cuore restano oscure perfino – o forse soprattutto – agli stessi membri che la compongono. E se nel corso di un'intervista André Weil, ormai in età avanzata, riconosce la profondità dell'intesa con la sorella e il reciproco attaccamento negli anni dell'infanzia, al tempo stesso riporta quasi en passant e con naturalezza il parere della nonna, alla quale di tanto in tanto piaceva

1. Cfr. sopra, Lettera 1, p. 12, e Lettera 2, p. 14.

2. Si veda al riguardo SP I, pp. 15-61 (trad. it., pp. 13-33), e Robert Chenavier, « Avant-Propos », in OC VII/1, pp. 13 sgg.

3. Traduciamo da Sylvie Weil, *Chez les Weil. André et Simone*, Buchet-Chastel, Paris, 2014, p. 77 (cfr. anche la 1ª ediz., Buchet-Chastel, Paris, 2009, p. 91; trad. it. *Casa Weil. André e Simone*, a cura di C. Cazalé Berard, Lantana, Roma, 2013, p. 65).

parlare in tedesco: Simone era « una vera e propria *Kopiermaschine*»;[1] per di più nella Premessa alla sua autobiografia egli non manca di sottolineare di aver avuto poche occasioni di incontrarla e di intrattenersi con lei in « conversazioni serie », e confessa che « le gioie e le angosce della sua adolescenza » gli erano « rimaste del tutto estranee ».[2]

Non ebbe quindi modo di percepire, fra l'altro, che tra il 1923 e il 1924 la sorella quattordicenne si trovò ad attraversare « una di quelle disperazioni senza fondo » tipicamente adolescenziali, indotta dalla constatazione della mediocrità delle proprie facoltà intellettuali, proprio in confronto all'eccezionale precocità di lui: « Le straordinarie doti di mio fratello, che ha avuto un'infanzia e una giovinezza paragonabili a quelle di Pascal, mi imponevano di averne coscienza » scrive infatti nel maggio 1942 Simone Weil, rimarcando quindi « di non poter sperare in alcun modo di accedere a quel regno trascendente ove entrano soltanto gli uomini di autentica grandezza e ove abita la verità », sotto il cui nome includeva « anche la bellezza, la virtù e ogni specie di bene ».[3]

Da quella disperazione, tuttavia, scaturì in lei « all'improvviso e per sempre ... *la certezza* che qualsiasi essere umano, anche se le sue facoltà naturali sono quasi nulle, penetra nel regno della verità riservato al genio, se solo desidera la verità e fa un perpetuo sforzo d'attenzione per attingerla. Così diventa anch'egli un genio, benché per mancanza di talento questo genio non traspaia all'esterno ».[4] Una certezza che, assurgendo ben

1. *Le mathématicien André Weil parle de sa soeur avec Malcolm Muggeridge*, in « Sud », 1990, p. 10. Si veda anche R. Chenavier, « Avant-Propos », cit., pp. 25-29.

2. A. Weil, *Souvenirs d'apprentissage*, cit., p. 11 (trad. it. cit., pp. 3-4).

3. Si veda la lettera di Simone Weil a padre Perrin, la cosiddetta « Autobiographie spirituelle », cit., pp. 38-39 (trad. it. cit., pp. 24-25).

4. *Ibid.*, p. 39 (trad. it. cit., p. 25; corsivo nostro). Ritroviamo pensieri

presto a vocazione, le avrebbe additato la meta a lei destinata.
In fin dei conti sarebbe stata proprio la «pretesa» di Simone Weil – tante volte ribadita nel corso dei precedenti decenni – a far sì che André Weil, uno dei più rinomati matematici del Novecento, detenuto nella prigione militare di Rouen, si confrontasse con la sorella in un'intesa/contesa serrata, cimentandosi, nella smisurata lettera del 26 marzo del 1940 – di ben sedici pagine! –, nell'impresa di chiarire ai profani di scienze matematiche l'oggetto e l'interesse dei suoi lavori attraverso un'esposizione stringata della storia della teoria dei numeri e una disamina del ruolo dell'analogia nella scoperta matematica.[1] E senza dubbio più tardi André dovette rendersi conto dell'importanza della sua elaborazione, se nel 1960 decise di riprenderne alcuni passi in occasione di un convegno,[2] per poi riprodurla nella raccolta delle sue opere complete.[3]
Simone non sorvolò certo sulle pungenti insinuazioni del fratello, che si colgono nei due capoversi d'esordio e nelle battute finali della lunghissima lettera, circa le sue possibilità di afferrarne il contenuto, e rispose con ineccepibile ironia.[4] Ma tutto ciò rientra nella sfera opaca delle relazioni familiari, spesso segnate da affinità e attriti segreti, come ben sapeva anche Simone Weil,

analoghi, ad esempio, nel suo Diplôme d'Études supérieures del 1930, *Science et perception dans Descartes*, in S, p. 37 (trad. it., pp. 30-31); ora in OC I, p. 177; come pure nelle sue lezioni di filosofia al Lycée de jeunes filles di Roanne nell'anno scolastico 1933-1934 (LPH, p. 236; trad. it., p. 263); e nello scritto del 1943 *La personne et le sacré*, in EL, p. 31 (trad. it. *La persona e il sacro*, pp. 38-39).

1. Si veda sopra, Lettera 7, pp. 42 sgg.

2. A. Weil, *De la métaphysique aux mathématiques*, ora in *Oeuvres Scientifiques. Collected Papers*, cit., vol. II, pp. 408-12.

3. Sulla riproduzione della lettera, si veda sopra, nota 121.

4. Si vedano, sopra, la Lettera 7 di André, pp. 42-43 e 64, e i due abbozzi di risposta di Simone, Lettera 9, p. 85, e Lettera 10, p. 97.

che così gli rispose intorno al marzo del 1941, dopo aver ricevuto la notizia dell'arrivo suo, della moglie e del figlio di lei a New York: «Mio caro fratello (questo incipit mi ricorda i bei tempi di Bonne-Nouvelle), siamo stati tutti molto contenti di ricevere il tuo telegramma, perché da due settimane si pensava troppo spesso a te, e non era piacevole. Adesso ci si può dimenticare della tua esistenza per gran parte del tempo – com'è normale. Un fratello è come un dente; è una buona cosa a condizione di non essere costretti troppo spesso ad aver coscienza della sua esistenza».[1]
Attraverso la preziosa corrispondenza qui raccolta si dipanano alcune questioni essenziali che riguardano sia temi in cui la storia della matematica s'interseca con la storia della filosofia, sia concetti e immagini in apparenza attinenti all'una o all'altra ma che in realtà esorbitano dai confini di entrambe, sia procedimenti di ricerca e vie speculative riconducibili a metodi e visioni solo in minima parte coincidenti. Esemplari sono in tal senso i nodi relativi alle nozioni, da un lato, di numero e di rapporto (λόγος), di analogia e di proporzione, e, dall'altro, di commensurabilità e di incommensurabilità, che a volte s'intrecciano in special modo con la sapienza misterica, l'orfismo e il pitagorismo, e a volte si radicano in arcane profondità. Del resto non possono mancare i quesiti connessi all'investigazione delle origini dell'algebra e della geometria nell'area mediterranea, e quindi alla concezione della matematica come invenzione o come scoperta, e più in generale alla concezione della scienza.
Il parziale disaccordo dei due insigni corrispondenti non può essere attribuito semplicemente ai diversi temperamenti individuali, né alle rispettive funzioni sociali, né ai distinti ambiti disciplinari cui appartengono; è molto più probabile che sia da ascrivere alle

1. Si veda OC VII/1, p. 485.

differenze di apprendistato, di orientamento e di linea di condotta riguardo alla vita e al contesto storico, a modi sicuramente discordanti di concepire la condizione umana, ovvero a tutti quegli aspetti che è dato ricollegare alla *vocazione* di lei e al *dharma* di lui.[1]
A Simone Weil, convinta della necessità del contatto diretto con ciò che è oggetto del pensiero, la vocazione impose l'esplorazione e l'attraversamento della vita reale: fu insegnante, operaia, bracciante agricola; prese parte alla guerra di Spagna; prestò servizio come redattrice per France Libre, l'organizzazione della Resistenza francese a Londra; frequentò ambienti e strati sociali diversi da quello borghese d'appartenenza; intervenne nel dibattito sindacale e politico a lei contemporaneo. L'intima certezza che « ciò che è vero in un ambito non lo è in un altro », che la verità « è sempre sperimentale »,[2] e che una verità « è sempre la verità di qualcosa »,[3] la condusse al di là della divisione fra lavoro intellettuale e lavoro manuale. Per questo ebbe il dono di cogliere nella vita umana « una composizione su molteplici piani »,[4] di stabilire connessioni tra investigazione e speculazione, di contemplare sia il sociale che l'impersonale, di concepire la filosofia nelle linee essenziali come « cosa *esclusivamente* in atto e pratica ».[5]
Dal canto suo, André Weil si tenne lontano dalle miserie dell'attualità, confidando nella completa libertà

1. Sulla nozione di vocazione in quanto obbligo, quindi obbedienza, e non in quanto scelta, nella vita e nell'opera di Simone Weil, cfr. Maria Concetta Sala, *Notes sur vocation, caractère et personne*, in CSW, XXXV, 3, settembre 2012, pp. 381-96, specialmente pp. 388 sgg.; sull'influenza dello spirito dell'India e della *Gītā* nell'interpretazione del *dharma* come dovere per André Weil, si vedano i suoi *Souvenirs d'apprentissage*, cit., pp. 129 sgg. (trad. it. cit., pp. 140-44).
2. OC VI/4, p. 177 (Q IV, p. 169).
3. E, p. 167 (trad. it., p. 226); ora in OC V/2, p. 319.
4. OC VI/1, p. 301 (Q I, p. 237).
5. OC VI/4, p. 392 (Q IV, p. 396).

concessagli dalla specifica attività intellettuale a cui consacrò l'intera sua vita: « Una matita e qualche foglio è tutto ciò di cui ha bisogno un matematico; e all'occorrenza può farne anche a meno ».[1] Fin dal 1934 egli scorse nel « mantenimento di isolotti di pensiero indipendente, o piuttosto, semplicemente, di pensiero » la « prima forma di lotta » contro « l'arma principale del fascismo », vale a dire l'« abbrutimento generale »;[2] e dopo lo scoppio della guerra continuò a sentire come proprio *dharma* quello di non lasciarsi distogliere dalla matematica, al punto da ritenere che se si fosse sottratto alla legge militare si sarebbe in qualche modo reso « padrone della propria sorte ».[3] La sua scelta di partire per gli Stati Uniti fu dettata indubbiamente dalle leggi razziali, ma anche dalla sua perseveranza nella dedizione alla ricerca matematica.

La filosofa alla quale si deve la nozione di 'attenzione' non in quanto mezzo idoneo a porre o risolvere problemi insolubili, bensì come metodo che consiste nel concepirli « in modo chiaro ... nella loro insolubilità, quindi nel contemplarli senz'altro, fissamente, instancabilmente, per anni, senza nessuna speranza, nell'attesa », colei che traduce il genio in attenzione e lo configura come « la virtù soprannaturale di umiltà nell'ambito del pensiero »[4] non può che collidere con il

1. A. Weil, *L'avenir des mathématiques*, in *Les Grands Courants de la pensée mathématique*, a cura di François Le Lionnais, Cahiers du Sud, Marseille, 1948, p. 308.

2. Lettera alla sorella datata 17 febbraio 1934, in OC VII/1, p. 530.

3. Cfr. *Souvenirs d'apprentissage*, cit., pp. 132 sgg. (trad. it. cit., pp. 142 sgg.). Si veda anche Robert Chenavier, *L'« étonnant phénomène » et le « cher noumène »*, CSW, XXXVII, 2, giugno 2014, pp. 97-108, in particolare pp. 102-106.

4. « Carnet de Londres », in OC VI/4, p. 362 (Q IV, p. 363). Cfr. anche ciò che scrive Bertrand Saint-Sernin a proposito della deficienza dei mezzi cognitivi a nostra disposizione riguardo al sapere scientifico, in *L'art de transposer les vérités*, in CSW, XXXII, 2, giugno 2009, pp. 165-68.

matematico di raffinata e vasta cultura incondizionatamente votato alla propria ricerca, che vede nella matematica «un'arte; una sorta di scultura in una materia estremamente dura e resistente (come certi porfidi che a volte usano, credo, gli scultori)», e che, se da un lato ritiene possibile una storia di quest'arte, esclude dall'altro ogni spiegazione dell'opera creata, chiarendo la sua posizione con un paragone sferzante: «Quanto a parlare delle mie ricerche o di qualsiasi altra ricerca matematica ai non-specialisti, tanto varrebbe spiegare una sinfonia a dei sordi».[1]

Ma qui assumono peso e rilievo le divergenze tra i due, riguardanti non solo il modo di concepire la matematica e la scienza, ma anche i procedimenti per divulgare le conoscenze matematiche e scientifiche. Insomma, si tratterebbe semplicemente di elaborare e perfezionare gli strumenti formali di enunciazione? Oppure – e nel contempo – sarebbe necessario inventare un'arte di trasposizione fondata su analogie e corrispondenze tra mente e universo, tra corpi, conoscenze e cosmo, tra materia e infinito? L'opera di Simone Weil ci fornisce il modello di quest'arte, che permette di «*leggere nel mondo le necessità alle quali l'uomo è sottomesso*»[2] e «nelle stelle che si è mortali»,[3] di sospendere a «qualcosa che non

1. Si veda sopra, Lettera 3, p. 18. Sulla storia delle «idee matematiche», e più in generale della matematica, si veda Nicolas Bourbaki, *L'architecture des mathématiques*, in *Les Grands Courants de la pensée mathématique*, cit., pp. 35-47; il contributo di André Weil, *History of Mathematics: why and how*, pronunciato al Congresso internazionale dei matematici di Helsinki nel 1978, e riprodotto in *Oeuvres Scientifiques. Collected Papers*, cit., vol. III, pp. 434-42; infine, il suo volume *Number Theory. An approach through history from Hammurabi to Legendre*, Birkhäuser, Boston, 1984 (trad. it. di Alberto Collo, *Teoria dei numeri. Storia e matematica da Hammurabi a Legendre*, a cura di Claudio Bartocci, Introduzione di Enrico Bombieri, Einaudi, Torino, 1993).

2. OC VI/1, p. 356 (Q I, p. 300).

3. OC VI/1, p. 321 (Q I, p. 259).

esiste ... un'infinità di cose che esistono »,[1] di procedere dal personale verso l'impersonale[2] e approdare così a una nuova visione della molteplicità degli insiemi infiniti in rapporto all'infinitamente piccolo,[3] cogliendo nel pensiero un vero e proprio « spazio a tre dimensioni ».[4]

A mio giudizio, non sarebbe azzardato inferire da diversi indizi che nel loro scambio epistolare la filosofa Simone Weil e il matematico André Weil manifestano anzitutto l'adesione o il distacco rispetto a una contemplazione mistica dell'ordine del mondo, ovverosia « l'aspirazione a contemplare nelle apparenze sensibili un'immagine del bene »[5] – benché in questo nostro mondo tutto soggiaccia alla ferrea necessità indifferente al bene, e sulla condizione umana gravi la contraddizione tra necessità e bene – oppure il disinteresse nei confronti di un simile anelito; e, secondariamente, la facoltà o viceversa l'impossibilità di riconoscere che « le cose di primissimo ordine » in scienza, in arte, in letteratura, in filosofia sono « essenzialmente anonime »[6] e si situano nell'ambito dell'impersonale, il solo ambito che è sacro.[7]
È pur vero che, al di là delle divergenze, si colgono re-

1. OC VI/1, p. 337 (Q I, p. 277).

2. Cfr. *La personne et le sacré*, cit., pp. 18 e 19-20 (trad. it. cit., pp. 20 e 22-23).

3. Cfr. Angela Putino, *Simone Weil. Un'intima estraneità*, cit., pp. 52-67.

4. E, p. 51: « ... la trasposizione è criterio di valutazione di una verità. Quel che non può essere trasposto non è vero; come non è un oggetto solido, ma soltanto un inganno, quello che non muta d'aspetto se viene guardato da lati differenti. Anche nel pensiero esiste uno spazio a tre dimensioni » (trad. it., p. 69); ora in OC V/2, p. 165.

5. *La science et nous*, cit., p. 146 (trad. it., p. 122); ora in OC IV/1, p. 157.

6. Cfr. *La personne et le sacré*, cit., pp. 17-18 (trad. it. cit., p. 18).

7. Cfr. *ibid.*, p. 16 (trad. it. cit., p. 17).

ciproci riverberi di luce e si percepiscono, nella corrente delle intuizioni e dei pensieri dell'uno e dell'altra, onde e corpuscoli che continueranno a fluire nell'opera di Simone Weil ancora per pochi anni, e in quella di André Weil lungo diversi decenni. Basta menzionare l'espressione di quest'ultimo, λόγοι ἄλογοι (*logoi alogoi*), «rapporti che non sono nominabili», o «rapporti incommensurabili»,[1] che sarebbe tornata in diversi luoghi dell'opera della sorella; oppure basta richiamarsi all'esigenza, da parte di lei, di fare «almeno intravedere ai non-specialisti»[2] l'interesse delle ricerche aritmetico-algebriche, alla quale il fratello avrebbe risposto, anni dopo, con un approccio storico alla teoria dei numeri in un'opera compiuta.[3]

Mediante l'attenzione, affine alla preghiera,[4] Simone Weil entrò in quel regno della verità che a quattordici anni giudicava riservato al genio, sia grazie alla 'lettura' della vita umana «come un tessuto di misteri completamente impenetrabili per l'intelligenza, e che sono immagini dei misteri soprannaturali, e di cui non è possibile rendere conto se non mediante questa somiglianza»,[5] sia «grazie allo sguardo profondo» che seppe gettare «sulla vita ordinaria dell'uomo ordinario», come ebbe a scrivere a uno studente di Oxford incontrato a Solesmes durante la settimana pasquale del 1938: «La più bella poesia è quella che è capace di esprimere, nella sua verità, la vita della gente che non può scrivere poesia. All'infuori di questo, c'è solo poe-

1. Si veda sopra, Lettera 8, p. 73 e nota 202.

2. Si veda sopra, Lettera 2, p. 14.

3. In *Number Theory. An approach through history from Hammurabi to Legendre*, cit. (trad. it. cit.).

4. Si veda *Réflexion sur le bon usage des études scolaires en vue de l'amour de Dieu*, in AD, pp. 85 sgg. (trad. it., pp. 191 sgg.).

5. «À propos de la doctrine pythagoricienne», cit., p. 292 (trad. it. cit., p. 314).

sia fatta con abilità; e gli esseri umani possono benissimo farne a meno. L'abilità suscita l'aristocrazia dell'intelligenza; l'anima del genio è *caritas* nell'accezione cristiana del termine; ovvero il sentimento che ogni essere umano possiede un'importanza estrema».[1] Questo carteggio permette dunque di guardare da una prospettiva inedita sia ai frutti dell'aristocrazia dell'intelligenza sia agli esiti del genio dell'attenzione. Da un lato la lettura delle lettere di André Weil, nonostante l'impenetrabilità di alcuni passi, o forse proprio per questo, induce ad accostarsi al procedimento dello specialista dedito a decifrare un «testo trilingue» in un campo di ricerca abitato, oggi ancor più di allora, da un numero ridottissimo di uomini «capaci di abbracciare l'intero fronte di una scienza, capaci di cogliere non solo i punti deboli della resistenza, ma anche quelli che più importa espugnare».[2] Dall'altro lato nelle lettere, nelle minute e negli abbozzi di Simone Weil trova conferma il metodo della filosofa, che nelle annotazioni, nelle riflessioni e negli scritti precedenti, coevi e successivi è costantemente volto a infrangere lo schermo che separa la mente umana dall'universo, concepito come un tessuto di nozioni matematiche, per poter così restituire all'anima il sentimento di essere «quasi a casa propria nel luogo stesso del suo esilio».[3]

1. La lettera scritta da Simone Weil in inglese a Charles G. Bell appare pubblicata per intero e tradotta in francese da Florence de Lussy nella raccolta di saggi da lei curata *Simone Weil. Sagesse et grâce violente*, cit., pp. 297-305, e ripresa parzialmente in Florence de Lussy, *Simone Weil*, PUF, Paris, 2016, pp. 99-100.

2. Si veda sopra, Lettera 7, pp. 62 e 66.

3. Si veda, sopra, il secondo abbozzo di risposta, Lettera 10, p. 94; cfr. anche, nella stessa lettera, p. 96. Affermazioni analoghe si trovano nella Lettera 9, p. 82, e in Appendice, pp. 108-109.

PICCOLA BIBLIOTECA ADELPHI

ULTIMI VOLUMI PUBBLICATI:

780. Ibn Jubayr, *Viaggio in Sicilia*
781. E.M. Cioran, *Finestra sul Nulla*
782. Fëdor Dostoevskij, *Il coccodrillo*
783. Wisława Szymborska, *Canzone nera*
784. Benedetto Croce, *Soliloquio*
785. Sacha Guitry, *Memorie di un baro*
786. Georges Simenon, *Dietro le quinte della polizia*
787. Ernst Jünger - Carl Schmitt, *Il nodo di Gordio*
788. Herbert Clyde Lewis, *Gentiluomo in mare*
789. Carlo Rovelli, *Buchi bianchi*
790. Roberto Calasso, *L'animale della foresta*
791. Yasmina Reza, *Conversazioni dopo un funerale*
792. Anna Maria Ortese, *Vera gioia è vestita di dolore*
793. Julien Green, *Parigi*
794. Paolo Zellini, *Il Teorema di Pitagora*
795. Shirley Jackson, *La strega*
796. Auguste Blanqui, *L'eternità viene dagli astri*
797. Georges Simenon, *L'America in automobile*
798. Robert M. Pirsig, *Sulla Qualità*
799. Andrea Moro, *Parlo dunque sono*
800. Nikolaj Gogol', *Memorie di un pazzo*
801. Yasmina Reza, *James Brown si metteva i bigodini*
802. David Ritz Finkelstein, *Manifesto della Melanconia*
803. Milan Kundera, *Praga, poesia che scompare*
804. Jorge Luis Borges, *Sette sere*
805. Fukazawa Shichirō, *Le ballate di Narayama*
806. William Shakespeare, *Giulio Cesare*
807. Emmanuel Carrère, *Ucronia*
808. Gershom Scholem, *Cabbalisti cristiani*
809. Benedetto Croce, *Indagini su Hegel*
810. Evelyn Waugh, *Un turista in Africa*
811. Walter F. Otto, *Dioniso*
812. Georges Simenon, *Una Francia sconosciuta*

Stampato da Studio Due S.A.S. - Milano